高等学校工程创新型"十二五"规划计算机教材

U0117704

Visual Basic 案例教程

艾菊梅　王晓燕　宋文琳　主编

电子工业出版社

Publishing House of Electronics Industry

北京·BEIJING

内 容 简 介

Visual Basic 是一门简单易学的面向对象程序设计语言，通常作为初学者学习程序设计的首选。本书引入全新的设计理念，将各章知识点贯穿在 3 个综合案例中，通过解剖综合案例的设计与实现过程，讲解所用到的新知识。全书围绕多功能计算器、记事本和画图 3 个常用软件的设计进行阐述。围绕多功能计算器的实现，介绍 VB 编程环境和可视化编程的基础知识、程序的控制结构、数组和过程函数等知识；围绕记事本软件的设计，介绍用户界面设计常用控件；围绕画图软件的设计，介绍常用的图形控件；最后以学生信息管理系统为例介绍了数据库的使用。本书采用案例驱动的方法，简化相关概念，使读者容易掌握程序设计的技巧。本书配有 PPT、源代码等教学资源。

本书旨在为高等院校的学生提供一本边学边做的 Visual Basic 入门教材，也可作为自学参考用书。

图书在版编目（CIP）数据

Visual Basic 案例教程/艾菊梅，王晓燕，宋文琳主编. —北京：电子工业出版社，2012.1

高等学校工程创新型"十二五"规划计算机教材

ISBN 978-7-121-15330-3

I. ①V… II. ①艾… III. ①BASIC 语言－程序设计－高等学校－教材 IV. ①TP312

中国版本图书馆 CIP 数据核字(2011)第 245461 号

策划编辑： 史鹏举 王火根

责任编辑： 史鹏举 特约编辑：王 纲

印　　刷： 北京市海淀区四季青印刷厂

装　　订： 三河市鹏成印业有限公司

出版发行： 电子工业出版社

　　　　　北京市海淀区万寿路 173 信箱 邮编 100036

开　　本： 787×1092 1/16 印张：15 字数：384 千字

印　　次： 2012 年 1 月第 1 次印刷

定　　价： 32.00 元

凡所购买电子工业出版社图书有缺损问题，请向购买书店调换。若书店售缺，请与本社发行部联系，联系及邮购电话：(010) 88254888。

质量投诉请发邮件至 zlts@phei.com.cn，盗版侵权举报请发邮件至 dbqq@phei.com.cn。

服务热线：(010) 88258888。

前　言

随着计算机应用的逐步深入，用算法解决问题的能力培养已经成为素质教育的基本要求。通过程序设计语言的学习，可以促进逻辑思维能力的培养，强化运用算法来解决实际问题的能力。

本教材以培养应用型人才为目标，从培养学生分析问题和解决问题的能力入手，立足于**"以案例为引导，以理论为基础，以应用为目的"**，围绕多功能计算器、记事本和画图 3 个常用软件，将编程基础、思想、方法、技能等诸多内容，融合到 3 个综合案例中介绍，通过解剖案例中各功能的实现过程，学习相应知识点，这样学生只要学会综合案例的设计、制作和调试过程，就基本掌握 Visual Basic 课程的大部分知识，从而培养学生设计综合应用软件的能力。

全书共 9 章，内容包括 Visual Basic 程序设计概述、可视化编程基础、控制结构、数组、过程、用户界面设计、数据文件、图形操作和数据库访问技术等内容。教材以实际问题为基础，对程序设计的基本概念、原理和方法，从基本语句、基础应用、综合设计三个层面逐层展开。

基本语句部分从培养学生程序设计基本概念和初步逻辑思维能力入手，以 Visual Basic 在实例中的应用组织内容，主要包括 Visual Basic 程序设计概述、可视化编程基础、数组、控制结构、过程等方面的知识。通过学习，使读者初步掌握 Visual Basic 的基本语法和程序设计基本概念。

基础应用部分从培养学生分析问题和解决问题的能力入手，引入 Visual Basic 基本对象，主要包括常用控件、界面设计、文件处理、数据库应用等方面的知识。通过学习使读者初步掌握分析问题和解决问题的能力。

综合设计部分通过引入案例设计理念，强化逻辑思维能力和程序设计能力培养，进一步提升读者对程序设计的理解，使读者真正掌握程序设计。

本书配有 PPT、源代码等教学资源，需要者可从华信教育资源网 http://www.hxedu.com.cn，免费注册、下载。

本书由艾菊梅、王晓燕、宋文琳主编，其中，第 1、2 章由宋文琳编写，第 3~5 章和第 9 章由艾菊梅编写，第 6~8 章由王晓燕编写。全书的写作得到陆玲教授的全面指导，她审阅了本书初稿，提出了很多宝贵意见，在此表示深深的感谢！

由于时间仓促，作者水平有限，书中难免有纰漏，欢迎读者多提宝贵意见。

编　者

目　录

第1章 VB 程序设计概述

Visual Basic 语言(简称 VB)是一种面向对象的可视化程序设计语言。本章对这门语言进行简要的叙述,包括 VB 的开发环境、对象的概念以及编写 VB 应用程序的步骤。通过本章的学习,使读者对 VB 有一个大致的了解,并能编写简单的应用程序。

1.1 VB 简介

Visual Basic 是美国 Microsoft 公司在 1991 年推出的 Windows 环境下的软件开发工具。Visual 意为"可视化的",指的是一种开发图形用户界面的方法。Basic 是 20 世纪 60 年代初产生的一门计算机程序设计语言,它以简单易学、使用方便的特点,得到了广泛应用。

Visual Basic 是基于 BASIC 语言的可视化程序设计语言。它既继承了其先辈 BASIC 所具有的简单易用的特点,又采用了面向对象、事件驱动的编程机制,提供了一种所见即所得的可视化界面设计方法。

1.1.1 VB 的特点

VB 是目前所有开发语言中最简单、最容易使用的语言。作为程序设计语言,VB 主要有以下特点。

1. 面向对象

VB 采用了面向对象的程序设计思想。它的基本思路是把复杂的程序设计问题分解为一个个能够完成独立功能的相对简单的对象集合,所谓"对象"就是一个可操作的实体,如窗体、窗体中的命令按钮、标签、文本框等。面向对象的编程就像搭积木一样,程序员可根据程序和界面设计要求,直接在屏幕上"画"出窗口、菜单、按钮等不同类型的对象,并为每个对象设置属性。

2. 事件驱动

在 Windows 环境下,程序是以事件驱动方式运行的,每个对象都能响应多个不同的事件,每个事件都能驱动一段代码——事件过程,该代码决定了对象的功能。通常称这种机制为事件驱动。事件可由用户的操作触发,也可由系统或应用程序触发。例如,单击一个命令按钮，触发了按钮的 Click(单击)事件，对应的事件过程中的代码就会被执行。若用户未进行任何操作(未触发事件)，则程序就处于等待状态。整个应用程序就是由彼此独立的事件过程构成的。

3．软件的集成式开发

VB 为编程提供了一个集成开发环境。在这个环境中，编程者可设计界面、编写代码、调试程序，直至把应用程序编译成可在 Windows 中运行的可执行文件，并为它生成安装程序。VB 的集成开发环境为编程者提供了很大的方便。

4．结构化的程序设计语言

VB 具有丰富的数据类型，是一种符合结构化程序设计思想的语言，而且简单易学。此外作为一种程序设计语言，VB 还有许多独到之处。

5．强大的数据库访问功能

VB 利用数据控件可以访问多种数据库，VB 6.0 提供的 ADO 控件，不但可以用最少的代码实现数据库操作和控制，也可以取代 Data 控件和 RDO 控件。

6．ActiveX 技术

VB 的核心是支持对象的链接与嵌入(OLE)技术，利用 OLE 技术，能够开发集声音、图像、动画、字处理、Web 等对象于一体的应用程序。通过动态数据交换(DDE)编程技术，VB 开发的应用程序能与其他 Windows 应用程序之间建立数据通信。通过动态链接库技术，在 VB 程序中可方便地调用 C 语言或汇编语言编写的函数，也可调用 Windows 的应用程序接口(API)函数。

7．网络功能

VB 6.0 提供了 DltTML 设计工具，利用这种技术可以动态创建和编辑 Web 页面，使用户能在 VB 中开发多功能的网络应用软件。

8．多种应用程序向导

VB 提供了多种向导，如应用程序向导、安装向导、数据对象向导、数据窗体向导等，通过它们可以快速地创建不同类型、不同功能的应用程序。

9．完备的联机帮助功能

在 VB 中，利用帮助菜单或 F1 键，用户可方便地得到所需要的帮助信息。VB 帮助窗口中显示了有关的示例代码，通过复制、粘贴操作可获取大量的示例代码，为用户的学习和使用提供方便。

1.1.2　VB 的版本

Microsoft 公司于 1991 年推出 VB 1.0 版，并获得了巨大成功，接着于 1992 年推出了 2.0 版，1993 年发展到 VB 3.0 版，以后在 1995 年、1997 年和 1998 年又相继推出了 VB 4.0、VB 5.0 和 VB 6.0。随着版本的改进，VB 在开发环境、功能上都进一步得到了完善和扩充，逐渐成为简单易学、功能强大的编程工具。

VB 6.0 包括三个版本，分别为学习版、专业版和企业版。这些版本是在相同的基础上建立起来的，因此，大多数应用程序可在 3 种版本中通用。3 种版本适合于不同层次的用户。

① 学习版：Visual Basic 的基础版本可用来开发 Windows 应用程序。该版本包括所有的内部控件、网格控件、Tab 对象以及数据绑定控件。

② 专业版：该版本为专业编程人员提供了一套用于软件开发、功能完备的工具。它包括学习版的全部功能，同时包括 ActiveX 控件、Internet 控件、Crystal Report Writer 和报表控件。

③ 企业版：可供专业开发人员开发功能强大的组内分布式应用程序。该版本包括专业版的全部功能，同时具有自动化管理器、部件管理器、数据库管理工具、Microsoft Visual SourceSafe 面向工程版的控制系统。

VB 6.0 是专门为 Windows 9X/NT/2000 等 32 位操作系统设计的。本书选用 VB 6.0 企业版作为学习环境，但书中程序仍然可在专业版和学习版中运行。

1.2　Visual Basic 集成开发环境

Visual Basic 集成开发环境是集应用程序的设计、编辑、调试、运行等多功能于一体的环境，为程序设计提供了极大的便利。

启动 Visual Basic，显示“新建工程”对话框，如图 1-1 所示。图中所显示的是“新建”选项卡，显示了 VB 中可使用的工程类型，默认为“标准 EXE”。如果单击“现存”或“最新”选项卡，则可分别显示现有的或最近使用过的 VB 应用程序文件名列表，可从中选择要打开的文件名。

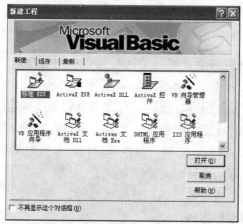

图 1-1　“新建工程”对话框

VB 集成开发环境与 Microsoft Office 家族中的软件类似，其编程环境如图 1-2 所示。

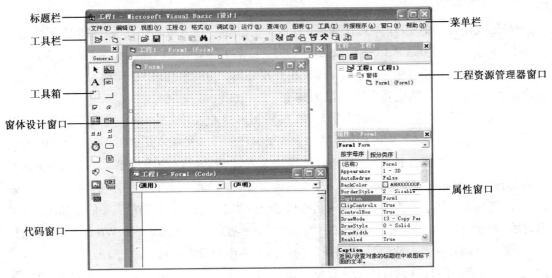

图 1-2　VB 6.0 集成开发环境

1. 标题栏

标题栏是屏幕顶部的水平条，它显示的是应用程序的名字，默认标题为"工程 1-Microsoft Visual Basic[设计]"，说明当前的工作状态处于设计模式。随着工作状态的不同，方括号中的信息也随之改变。

VB 有三种工作模式：设计 (Design) 模式、运行 (Run) 模式和中断 (Break) 模式。

设计模式：可进行用户界面的设计和代码的编制。

运行模式：运行应用程序，这时不可编辑代码，也不可编辑界面。

中断模式：应用程序运行暂时中断，这时可以编辑代码，但不可编辑界面。

标题栏最左端是窗口控制菜单，标题栏的右端是最小化按钮、最大化/还原按钮和关闭按钮。

2. 菜单栏

菜单栏中的菜单命令提供了开发、调试和保存应用程序所需要的工具。菜单栏共有 13 个菜单，每个菜单含有若干个菜单命令，执行不同的操作。

文件：用于创建、打开、保存、删除、打印文件以及生成可执行文件等。

编辑：提供多种编辑的功能，如撤销、剪切、复制、粘贴、删除、查找、全选等。

视图：用于选择代码、对象、监视、属性等窗口，也可用来选择工具箱，定义工具栏。

工程：用于控件、窗体、模块等对象的处理。

格式：用于窗体上控件的对齐、间距等格式操作。

调试：用于程序的调试和查错。

运行：用于程序的启动、设置中断和停止程序运行。

查询：在设计数据库应用程序时设计 SQL 属性。

图表：用于设计数据库时编辑数据库命令。

工具：用于集成开发环境下的工具扩展。

外接程序：用于为工程增加或删除外接程序。

窗口：用于屏幕窗口的层叠、平铺等布局排列。

帮助：可帮助用户解决问题，学习方法。

3．工具栏

工具栏可以快速地访问常用的菜单命令。VB 提供了 4 种工具栏，包括标准、编辑、窗体编辑器和调试工具栏。一般情况下，集成环境只显示标准工具栏，如图 1-3 所示。要显示或隐藏工具栏，可以选择"视图"菜单的"工具栏"命令或在标准工具栏处单击右键并进行所需工具栏的选取。

图 1-3　标准工具栏

4．窗体设计窗口

窗体设计窗口简称窗体，如图 1-4 所示。窗体是应用程序最终面向用户的窗口，每个窗体窗口必须有一个唯一的窗体名字，建立窗体时默认名为 Form1。

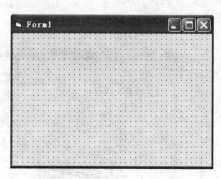

图 1-4　窗体设计窗口

在设计状态，窗体是可见的，窗体的网格点间距可以通过"工具"菜单的"选项"命令，在"通用"选项卡的"窗体设置网格"中输入"宽度"和"高度"来改变。运行时可通过属性控制窗体可见性(窗体的网格始终不显示)。一个应用程序可以有多个窗体，可通过选择"工程"→"添加窗体"命令增加新窗体。

5. 代码窗口

代码设计窗口简称代码窗口，如图 1-5 所示。在此窗口中，可以编写各种事件过程和用户自定义过程等程序代码。打开代码设计窗口可通过双击窗体、控件或单击工程资源管理器窗口的"查看代码"按钮等方式进行。

图 1-5　代码窗口

代码窗口包含以下一些主要内容：

对象列表框：显示所选对象的名称。可以单击其右侧的下拉按钮，来显示此窗体中的对象名。

过程列表框：列出与当前选中的对象相关的所有事件。

6. 工程资源管理器窗口

工程资源管理器窗口如图 1-6 所示。它保存一个应用程序所有属性以及组成这个应用程序所有的文件。工程文件的扩展名为.vbp。

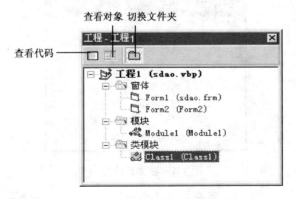

图 1-6　工程资源管理器窗口

工程资源管理器窗口有以下三个按钮：

"查看代码"按钮：切换到代码窗口，显示和编辑代码。

"查看对象"按钮：切换到窗体窗口，显示和编辑对象。

"切换文件夹"按钮：切换文件夹显示的方式。

工程资源管理器窗口中以列表形式列出了组成这个工程的所有文件，它包含以下三种类型的文件：

窗体文件（.frm 文件）：该文件保存窗体上使用的所有控件及其相关属性、相应的事件过程及程序代码。一个应用程序至少包含一个窗体文件。

标准模块文件（.bas 文件）：所有模块级变量和用户自定义的通用过程。

类模块文件（.cls 文件）：用户自定义的对象。

7．属性窗口

属性窗口如图 1-7 所示，它用来设置所选定对象的属性。在 VB 中，窗体和控件被称为对象。每个对象都由一组属性来描述其特征，如颜色、字体、大小等，可以通过属性窗口来设置其属性。属性窗口由以下四部分组成：

图 1-7　属性窗口

对象列表框：单击其右边的下拉按钮，可列出当前窗体包括的全部对象的名称，用户可从中选择要更改其属性值的对象。

属性排列方式：有"按字母序"和"按分类序"两种方式。

属性列表框：列出所选对象可更改的属性及该属性的默认值，不同对象具有不同的属性。

属性含义说明：当在属性列表框选取某属性时，在该区显示所选属性的含义。

8．工具箱

工具箱如图 1-8 所示，显示了 21 个按钮式的图标工具，利用这些工具，用户可以在窗体上设计各种控件。除了显示的这些标准控件图标，用户也可选择"工程"→"部件"命令来加载其他控件。

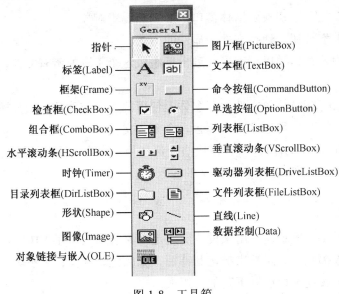

图 1-8　工具箱

1.3　VB 对象的概念

VB 是一种面向对象的程序设计语言，程序的核心是对象，正确理解和掌握 VB 中的对象的概念，是学习、设计 VB 应用程序的重要环节。

1．对象和类

（1）对象

对象是现实世界中各种各样的实体。例如，一个人、一台计算机、一辆汽车等都是一个对象。每个对象都有其相应的特征、行为和发生在该对象上的活动。例如，一辆汽车有型号、外壳、颜色等特征，又有启动、加速、停止等行为，以及外界作用在汽车上的各种活动，如拖动、碰撞等。其中，对象的特征称为属性，对象的行为称为方法，作用在对象上的活动称为事件。

（2）类

具有相似性质，执行相同操作的对象，称为同一类对象。类是创建对象实例的模板，而对象是类的一个实例。例如，在马路上看到的各种汽车都属于汽车的范畴，而某一辆具体的小轿车是汽车的一个实例。在这里，汽车是类，某一辆具体的小轿车就是对象。

（3）VB 中的类和对象

面向对象的程序设计主要建立在类和对象的基础上。类可由系统设计，也可由程序员自己设计。

在 VB 中，工具箱上的可视图标是 VB 系统设计的标准控件类。将类实例化，就可得到真正的控件对象。也就是当在窗体上画一个控件时，就将类转化为了对象，即创建了一个控件对象，简称为控件。

2．对象的属性、事件、方法

VB 控件是具有自己的属性、事件和方法的对象，属性是一个对象的特征，事件是作用在该对象上的活动，方法是对象的行为，它构成了对象的三要素。

（1）属性

每个对象都有许多属性，用来描述对象的特征。对于某一辆具体的小轿车，它有自己的型号、颜色等，这就是它的属性。对于控件它有名称（Name）、标题（Caption）、颜色（Color）、字体（FontName）等属性，这些属性决定了对象展现给用户的界面具有什么样的外观及功能。不同的对象具有各自不同的属性。

对象属性的设置可采用两种方式：

① 在设计阶段利用属性窗口直接设置对象的属性。

② 在程序代码中通过赋值实现，格式为：对象名.属性 = 属性值

（2）事件、事件过程

程序执行后系统等待某个事件的发生，然后再执行处理此事件的事件过程，即事件驱动的程序设计方法，由事件的顺序决定代码执行的顺序。

① 事件。

对于对象而言，事件就是发生在该对象上的行为。在 VB 中，系统为每个对象预先定义好了一系列的事件。例如，单击（Click）、双击（DblClick）、改变（Change）、获取焦点（GotFocus）、键盘按下（KeyPress）等。

② 事件过程。

当在对象上发生事件后，应用程序就要处理这个事件，而处理的步骤就是事件过程。它是针对某一对象的过程，并与该对象的一个事件相联系。VB 应用程序设计的主要工作是为对象编写事件过程中的程序代码，事件过程的形式如下：

```
Private Sub 对象名_事件名([参数列表])
… 事件过程代码
End Sub
```

（3）方法

方法是附属于对象的行为。面向对象的程序设计语言，为程序设计人员提供了一种特殊的过程和函数，称为方法，供用户直接调用。方法是面向对象的，所以在调用时一定要指定对象。对象方法的调用格式为：

[对象.]方法 [参数]

例如：

```
Form1.Print "欢迎您使用 Visual Basic 6.0！"
```

此语句使用 Print 方法在对象名为"Form1"的窗体中显示"欢迎您使用 Visual Basic 6.0！"字符串。若省略对象，默认在窗体上显示。

3．对象的建立与编辑

（1）对象的建立

在窗体上建立一个控件有以下两种方法。

方法一：

① 将鼠标定位在工具箱内要制作控件对象对应的图标上，单击左键进行选择；

② 将鼠标移到窗体上所需的位置处，按住鼠标左键拖曳到所需的大小后释放鼠标。

方法二：

直接在工具箱双击所需的控件图标，则立即在窗体中央出现一个默认大小的对象框。

（2）对象的选定

要对某对象进行操作，必须先选定该对象。选定对象的方法：单击欲选定的对象。当某对象被选中时，在该对象的边缘就会出现 8 个方向的控制柄。

若要同时对多个对象操作，则要同时选中多个对象，有如下两种方法。

方法一：

拖动鼠标指针，将欲选定的对象包围在一个虚线框内。

方法二：

先选定一个对象，按住 Ctrl 或 Shift 键，再单击其他要选定的控件。

（3）复制和删除对象

复制对象：选中要复制的对象，单击工具栏"复制"按钮，再单击"粘贴"按钮，在出现是否创建控件数组的对话框中选择"否"。

注：最好不要用"复制"和"粘贴"方法来创建新控件，这样容易建成控件数组。

删除对象：选中要删除的对象，然后按 Delete 键。

（4）对象的命名

每个对象都有自己的名字，有了名字才能在程序代码中引用该对象。每个控件建立时都有默认的名字，用户也可在属性窗口通过设置 Name（名称）来给对象重新命名。为提高程序的可读性，可以用 3 个小写字母作为对象名的前缀。表 1-1 列出了常用控件的前缀规定和命名举例。

表 1-1　对象命名约定

对象类型	意义	前缀	对象名字举例
CommandButton	命令按钮	cmd	cmdExit
Label	标签	lbl	lblInput
TextBox	文本框	txt	txtDisplay
PictureBox	图形框	pic	picSelect
Image	图像	img	imgIcon
CheckBox	复选框	chk	chkFont
ComboBox	下拉式列表框	cbo	cboStudent
CommonDialog	通用对话框	dlg	dlgOpen

1.4　创建应用程序的过程

用传统的面向过程的语言进行程序设计时，主要的工作就是编写程序代码，遵循编程-调试-改错-运行的模式，而用 VB 开发应用程序时，完全打破了这种模式，使程序的开发大为简化。建立一个 VB 应用程序一般分为以下几步进行：

①　建立用户界面的对象。

②　设置对象的属性。

③　编写事件过程代码。

④　运行和调试程序。

⑤　保存文件。

下面通过一个简易计算器来说明如何在 VB 环境下设计应用程序。

例 1.1　设计一个简易计算器，实现算术运算功能。

1. 建立用户界面

用户界面由对象组成，建立用户界面实际上就是在窗体上画出代表各个对象的控件。简易计算器包括：2 个框架、28 个命令按钮、1 个文本框和 1 个标签。框架用来对控件进行分组，命令按钮用来执行有关操作，标签用来显示信息，文本框用来输入或显示数据，窗体是上述控件对象的载体。有关这些控件的详细使用说明见第 2 章。

2. 设置属性

对象建立好后，就要为其设置属性。属性是对象的特征，设置对象的属性是为了使对象符合应用程序的需要。单击要设置属性的对象，在属性窗口选择要修改的属性，输入或选择所需的属性值。建立好的用户界面如图 1-9 所示。

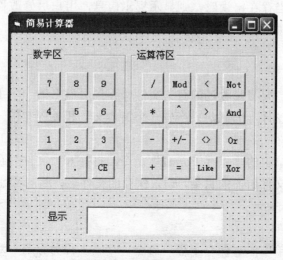

图 1-9　计算器界面

3．编写代码

建立了用户界面并为每个对象设置相关属性后，就要考虑用什么事件来激活对象所需的操作了。这就涉及对象事件的选择和事件过程代码的编写。代码的编写是在程序代码窗口中进行的，代码窗口中左边的下拉列表框列出了该窗体的所有对象，右边的下拉列表框列出了与对象相关的所有事件，如图 1-10 所示。

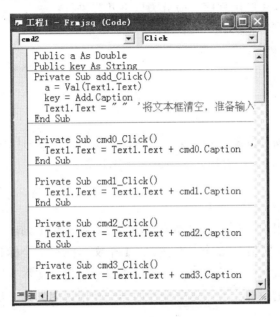

图 1-10　计算器程序代码

4．运行和调试程序

应用程序设计好后，可以利用工具栏的 ▶ 启动按钮运行程序。VB 程序通常会先编译，检查是否存在错误。当存在错误时，则显示提示信息，用户可修改程序；若不存在错误，则执行程序，用户可进行相应的操作，如执行简单算术运算操作。

5．保存文件

程序运行结束后，要将修改过的有关文件保存到磁盘上。一个工程中涉及多种文件类型，本例仅包含一个窗体，因此，只产生一个窗体文件和工程文件。保存步骤如下：

（1）保存窗体文件

执行"文件"菜单中的"保存 Form1"命令，将打开"文件另存为"对话框。在该对话框中选择要保存的文件所在的目录，输入保存的文件名，单击"保存"按钮（自动添加扩展名.frm）。

（2）保存工程文件

执行"文件"菜单中的"保存工程"命令，在"工程另存为"对话框中选择路径，输入文件名，单击"保存"按钮（自动添加扩展名.vbp）。

　　至此，一个完整的应用程序编制完成了。若用户需要再次修改或运行该文件，只要双击工程文件名，就可把文件调入内存进行操作了。

　　简易计算器的详细设计见第 2 章。

习题 1

一、选择题

1. 下列不是 VB 文件的是（　　）。

　　A．*.frm 文件　　　　B．*.cls 文件　　　　C．*.bas 文件　　　D．*.dbc 文件

2. Visual Basic 采用了（　　）编程机制。

　　A．面向过程　　　　B．面向对象　　　　　C．事件驱动　　　　D．可视化

3. VB 集成开发环境中不包括（　　）。

　　A．工具箱窗口　　　B．工程资源管理器窗口　　C．属性窗口　　　D．命令窗口

4. VB 6.0 集成开发环境的工作状态有（　　）。

　　A．一种　　　　　　B．两种　　　　　　　　C．三种　　　　　　D．四种

5. 在设计应用程序时，通过（　　）窗口可以查看到应用程序工程中的所有组成部分。

　　A．代码　　　　　　B．窗体设计　　　　　　C．属性　　　　　　D．工程资源管理器

6."一辆小客车在正常行进过程中被一辆大型货车撞坏了"，在这句话中，"客车"、"小"、"行进"和"被一辆大型货车撞坏了"分别对应 VB 中（　　）。

　　A．对象、属性、事件、方法　　　　　B．对象、属性、方法、事件

　　C．属性、对象、事件、方法　　　　　D．属性、对象、方法、事件

7. 在面向对象方法中，类的实例称为（　　）。

　　A．集合　　　　　　B．抽象　　　　　　　　C．对象　　　　　　D．模板

8. 对象的行为被称为（　　），它是事先编写好的过程或函数，供用户直接调用。

　　A．属性　　　　　　B．方法　　　　　　　　C．事件　　　　　　D．消息

二、简答题

1. VB 有哪些特点？

2. 简述 VB 集成环境的构成，每个部分的主要功能是什么？

3. 什么是对象和类？它们之间有什么关系？

4. 简述事件驱动模型的工作原理。

5. VB 的工程包括哪几类文件？如何保存？

第 2 章　VB 可视化编程基础

本章围绕一个简易计算器案例，首先从其界面设计开始，主要介绍几种基本控件的使用方法，使读者对 VB 可视化界面设计有一个基本的了解；然后介绍 VB 的数据类型、运算符、基本语句等语言基础，使读者可利用控件快速地编写简单的程序。

2.1　窗体和基本控件

计算器界面显示必须在执行实际计算操作之前完成，此界面包括 1 个窗体、1 个文本框、1 个标签、2 个框架和 28 个命令按钮，其中，28 个命令按钮由 10 个数字键、15 个运算符、小数点等按钮组成，如图 2-1 所示。

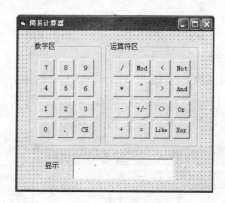

图 2-1　简易计算器界面

2.1.1　窗体

窗体是一块"画布"，是所有控件的容器，对应于程序运行时的窗口，如图 2-2 所示。

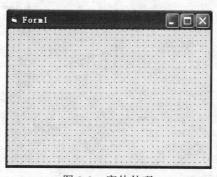

图 2-2　窗体外观

1. 主要属性

窗体属性决定了窗体的外观和操作。可以用两种方法设置属性：一是通过属性窗口设置，二是在程序代码中设置。前者称为在设计阶段设置属性，而后者称为在运行期间设置属性。大部分属性既可通过属性窗口设置，也可在程序中设置，而有些属性只能在属性窗口中设置，称为"只读属性"，有些属性只能在程序代码中设置。

（1）Name 属性

对应于属性列表中的"名称"。用来定义对象的名称，适用于窗体和所有控件，为只读属性。窗体默认名称为 Form1，可根据需要更改名称。先选中窗体，然后在属性窗口选中"名称"，在其右侧输入属性值"Frmjsq"，如图 2-3 所示。用 Name 属性设置的名称是在程序代码中使用的对象名。

（2）Caption 属性

该属性用来定义窗体标题，默认标题为 Form1。在属性窗口中，用 Caption 属性可以把窗体标题改为所需要的文本内容，如"简易计算器"；也可在程序中设置，格式为：

     对象名.属性名 = 属性值

如：Frmjsq.Caption = "简易计算器"

（3）Height、Width 属性

分别指定窗体的高度和宽度，单位为 Twip，即 1 点的 1/20(1/1440 英寸)。例如，在属性窗口设置 Height 为 5000 Twip，Width 为 6000 Twip，也可在程序中设置这两个属性。

属性设置后，可改变窗体的外观，效果如图 2-3 所示。

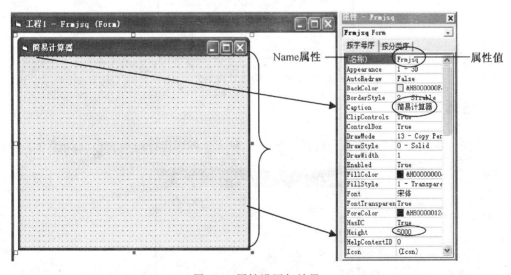

图 2-3　属性设置与效果

（4）BackColor 属性

该属性用来设置窗体的背景颜色。

（5）Enabled 属性

该属性决定控件是否可用，属性值为 True，允许用户进行操作；属性值为 False，禁止用户进行操作，呈灰色状态。

（6）Font 属性

该属性用来设置窗体上输出字符的各种特性，包括字体名称、大小、效果等。该属性适用于窗体和大部分控件，可以通过属性窗口设置，也可以在程序中设置。如选中窗体，在属性窗口设置 Font 属性，设置字体名称为"宋体"，字体大小为 12。

字体的其他属性为逻辑型，当值为 True 时：FontBold 为粗体，FontItalic 为斜体，FontStrikethru 为加删除线，FontUnderline 为加下划线。

（7）WindowState 属性

该属性可设置窗体运行时的显示状态，有 3 种属性值：

0——Normal：正常状态。

1——Minimized：最小化状态。

2——Maximized：最大化状态。

窗体的所有属性可通过属性窗口查看，其详细含义参见附录 A。

2．事件

窗体的事件较多，常用的有 Click、DblClick、Load 等事件。

（1）Click（单击）事件

Click 事件是单击鼠标左键时发生的事件。程序运行时，当单击窗体内的某个位置，VB 将调用窗体事件过程 Form_Click（）。注意，单击的位置必须没有其他对象（控件），如果单击窗体内的控件，则只能调用相应控件的 Click 事件过程。

（2）DblClick（双击）事件

程序运行后，双击窗体内的某个位置，VB 将调用窗体事件过程 Form_DblClick（）。

（3）Load（装入）事件

在窗体被装入工作区时触发的事件。当应用程序启动时，会自动执行该事件。所以该事件通常用来在启动应用程序时对变量或属性进行初始化。

例 2.1　运行程序，要求默认窗体产生如图 2-3 所示的窗体效果。

分析：

① 窗体默认名为 Form1，在属性窗口改为 Frmjsq；要实现窗体标题的设置，需利用 Caption 属性；要改变窗体的大小，需利用 Height 和 Width 属性。

② 当应用程序启动时，会自动触发 Load 事件，属性的设置在 Form_Load 事件过程中实现。

代码如下：

```
Private Sub Form_Load ()
    Frmjsq.Caption = "简易计算器"
    Frmjsq.Height = 5000
```

```
    Frmjsq.Width = 6000
  End Sub
```

注意：Private 表示事件过程是局部的、私有的，仅在本窗体模块中使用。

3．方法

窗体常用的方法有 Print、Cls、Move 等。

（1）Print 方法

用来显示文本内容，语法格式：

```
[对象.]Print  [表达式列表][分隔符]
```

对象：可以是窗体、图形框或打印机。省略对象，则默认在窗体上输出。

表达式列表：要输出的一个或多个表达式，可以是数值表达式或字符串表达式。如果省略，则输出一个空行。

分隔符：用于各项之间的分隔，有逗号和分号，表示输出后光标的定位。分号将光标定位在上一个显示的字符后面，逗号将光标定位在下一个分区（每隔 14 列）的开始位置处。如果省略分隔符，则输出后自动换到下一行的第一列。

（2）Cls 方法

Cls 方法可清除窗体上由 Print 方法显示的文本或用绘图方法产生的图形，语法格式：

```
[对象.]Cls
```

注意，不清除在设计时的文本和图形。清屏后当前坐标回到原点即对象的左上角(0，0)。

（3）Move 方法

Move 方法用来移动窗体或控件的位置，也可以改变对象的大小，格式如下：

```
[对象.]Move 左边距离 [,上边距离[,宽度[,高度]]]
```

左边距、上边距、宽度、高度均为数值表达式。如果是窗体对象，则左边距和上边距是以屏幕左边界和上边界为准，其他则是以窗体的左边界和上边界为准。

例 2.2　运行程序，单击窗体，要求在窗体上显示"欢迎使用计算器"，字体大小为 12 号，运行效果如图 2-4 所示。

图 2-4　显示信息界面

分析：

① 单击窗体，触发 Click 事件，执行 Form_Click()事件过程。

② 在窗体上显示字符串，要利用 Print 方法；字体大小用 FontSize 属性设置。

代码如下：

```
Private Sub Form_Click()
        Frmjsq.FontSize = 12
        Frmjsq.Print                                '执行一次 Print 自动换行
        Frmjsq.Print "欢迎使用计算器"                '从当前行的第一列开始输出
    End Sub
```

2.1.2　命令按钮

命令按钮是 VB 应用程序中最常用的控件，通常用来在单击时执行指定的操作。

简易计算器界面的数字区和运算符区都由命令按钮组成，创建数字区命令按钮，步骤如下：

① 将鼠标定位在工具箱内命令按钮的图标上，单击左键；

② 将鼠标移到窗体上所需的位置处，按住鼠标左键拖曳出所需的大小后释放鼠标。

重复以上操作，效果如图 2-5 所示。

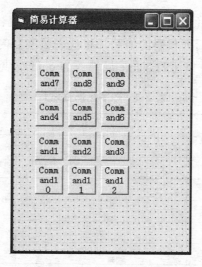

图 2-5　命令按钮

为了模拟计算器的真实效果，需要改变命令按钮的外观，这就涉及命令按钮属性的设置。前面介绍的一些窗体属性也可用于命令按钮，如 Name、Caption、Height、Width 等。

1. 主要属性

(1) Caption 属性

该属性用来设置命令按钮上显示的文字。按照计算器数字区的排列方式，修改各命令按钮的 Caption 属性。选中左下角的命令按钮，在属性窗口将 Caption 属性设置为 0；选中左上角的命令按钮，将 Caption 属性设置为 7，其他命令按钮的 Caption 属性设置见表 2-1，界面效果如图 2-6 所示。

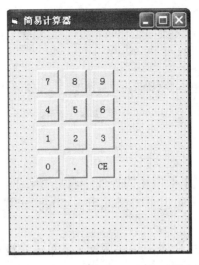

图 2-6　数字区界面

（2）Name 属性

该属性可设置命令按钮的名称，默认名称为 Command1、Command2…依次类推，可根据需要更改名称，为方便后面代码的编写，将代表数字 0 的命令按钮的 Name 属性改为 cmd0 ，将代表数字 9 的命令按钮的 Name 属性改为 cmd9，见表 2-1。

表 2-1　数字区属性设置

默认控件名	Caption 属性值	Name 属性值
Command1	1	cmd1
Command2	2	cmd2
Command3	3	cmd3
Command4	4	cmd4
Command5	5	cmd5
Command6	6	cmd6
Command7	7	cmd7
Command8	8	cmd8
Command9	9	cmd9
Command10	0	cmd0
Command11	.	cmddot
Command12	CE	cmdcls

（3）Style 属性

该属性可设置命令按钮的样式。

0——Standard：标准的，按钮上不能显示图形。

1——Graphical：图形的，按钮上可显示由 Picture 属性指定的图形，也能显示文字。

（4）Picture 属性

该属性可设置命令按钮上显示的图形。注意，只有在命令按钮的 Style 属性设置为 1 时，才会在命令按钮上显示图形。

2．事件

命令按钮最常用的事件是 Click 事件，当单击一个命令按钮时，触发 Click 事件。

例 2.3　在计算器的运行过程中，当用户在数字区单击某个数字键时，要求计算器必须模拟用户按键的操作，在窗体上显示相应的数字。

分析：

① 单击数字键时触发的是 Click 事件，如单击数字"0"按钮，触发 Click 事件，执行 cmd0_Click( )事件过程。

② 要显示数据，需要使用 Print 方法，省略对象名，默认在窗体上显示；显示的内容为当前单击的命令按钮上的数字，可用该命令按钮的 Caption 属性表示。

代码如下：

```
Private Sub cmd0_Click()
    Print cmd0.Caption ;          '分号表示将光标定位在上一个显示的字符后面
End Sub
    …
Private Sub cmd9_Click()
    Print cmd9.Caption ;
End Sub
```

运行程序，如果单击数字"3"按钮，执行事件过程 cmd3_Click( )，输出时光标默认在第一行第一列，所以，在窗体左上角显示 3，光标移到下一列；再单击数字"5"按钮，执行 cmd5_Click( )过程，在窗体上按紧凑格式显示 5，效果如图 2-7 所示。

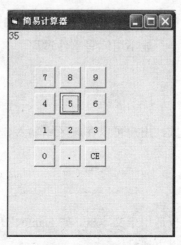

图 2-7　显示数字

思考：

将代码中的 ";" 改为 ","，分析逗号分隔符的作用。

2.1.3 标签

标签主要用来显示文本信息，而不能输入信息。标签控件的内容只能用 Caption 属性来设置或修改，不能直接编辑。标签常用来为其他控件附加描述性信息。

1．主要属性

标签最常用的属性有 Name、Caption、Height、Width、Font、Alignment、AutoSize 等。

（1）Alignment 属性

该属性可设置控件上标题的对齐方式。

0——Left Justify：左对齐。

1——Right Justify：右对齐。

2——Center：居中。

（2）AutoSize 属性

该属性决定控件是否可以自动调整大小。

True——自动调整大小。

False——保持原设计时的大小，正文若太长则自动进行裁剪。

（3）BorderStyle 属性

设置标签的边框样式。

0——None：无边框。

1——Fixed Single：单线边框。

2．事件

标签经常接收的事件有：单击(Click)、双击(DblClick)和改变(Change)。但标签主要用来在窗体上显示文字，因此，一般不用编写事件过程。

2.1.4 文本框

文本框是一个文本编辑区域，用户可以在该区域输入、编辑、修改和显示正文内容，用户可以创建一个文本编辑器。

1．主要属性

前面介绍的一些基本属性也适用于文本框，如 Name、Height、Width、Font、Alignment 等。除此之外，文本框还具有以下属性。

（1）Text 属性

该属性用来设置文本框中显示的字符串，默认显示为 Text1。该属性可通过属性窗口设置，也可在程序中设置。例如：

```
Text1.Text = " "              '文本框的内容为空
```

（2）Maxlength 属性

该属性指明文本框中输入文本的最大长度。默认值为 0，表示任意长度。

（3）Multiline 属性

该属性设置文本框是否以多行方式显示文本。

True——文本内容以多行文本方式显示。

False——（默认）文本内容以单行方式显示。

（4）ScrollBars 属性

该属性指明文本框是否加滚动条。

0——None：无滚动条。

1——Horizontal：水平滚动条。

2——Vertical：垂直滚动条。

3——Both：同时加水平、垂直滚动条。

（5）SelStart、SelLength 和 SelText 属性

在程序运行中，对文本内容进行选择操作时，这三个属性用来标志用户选中的正文。

SelStart：选定的正文的开始位置，第一个字符的位置是 0。

SelLength：选定的正文长度。

SelText：选定的正文内容。

设置了 SelStart 和 SelLength 属性后，VB 会自动将设定的正文送入 SelText 存放。

例 2.4　给图 2-7 计算器界面添加一个文本框和一个标签（起提示作用），当用户在程序运行时，单击数字键，要求在文本框上显示相应的数字，单击"CE"键，文本框为空。

分析：

① 根据题目要求，建立控件，属性设置见表 2-2。

表 2-2　属性设置

默认控件名	有关属性设置
Text1	Text 为空，Alignment=1，FontName="宋体"，FontSize=12
Label1	Alignment=2，Caption="显示"，FontName="宋体"，FontSize=12

计算器界面如图 2-8 所示。

② 运行程序，单击数字键，触发 Click 事件；在文本框中显示相应数字，即将命令按钮的 Caption 属性值作为文本框上显示的内容。

代码如下：

```
Private Sub cmd0_Click()
```

```
        Text1.Text = cmd0.Caption
End Sub

   …
Private Sub cmd9_Click()
        Text1.Text = cmd9.Caption
End Sub
Private Sub cmdcls_Click()          ' 单击"CE"键，文本框内容清空
    Text1.Text = ""
End Sub
```

注意：

① 用户第二次单击数字键时，文本框只显示当前被单击的数字键的 Caption 属性值，上一次显示的数字被覆盖了，这与现实中的计算器的操作方式不同，改进部分参见例 2.9。

② 图 2-8 是简易计算器的数字区，还应包含运算符区，该部分在介绍运算符后再逐步进行添加。

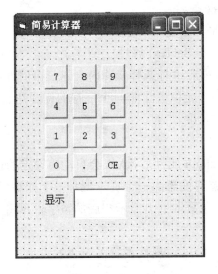

图 2-8　计算器界面

2．事件

文本框所能响应的最重要的事件包括 Change、KeyPress、LostFocus 和 GotFocus事件。

（1）Change 事件

程序运行后，当文本框的 Text 属性发生改变时，就会引发该事件。在文本框每输入一个字符，就会引发一次 Change 事件。

（2）KeyPress 事件

当用户按下键盘上的某个键时，就会引发焦点所在文本框的 KeyPress 事件，此事件会

返回一个 KeyAscii 参数到该事件过程中。例如，当用户输入字符"a"时，返回 KeyAscii 的值为 97(字符"a"的 ASCII 码)。

同 Change 事件一样，每输入一个字符就会引发一次该事件；在事件过程中经常判断输入的字符是否为回车符(KeyAscii 的值为 13)，表示文本输入的结束。

(3) LostFocus 事件

当焦点离开文本框时触发该事件，焦点的离开是由于制表键(Tab)的移动或单击另一对象操作的结果。用 Change 事件过程和 LostFocus 事件过程都可以检查文本框的 Text 属性值，但后者更有效。

(4) GotFocus 事件

当文本框具有输入焦点时，触发该事件。

3．方法

文本框最常用的方法是 SetFocus，该方法是把光标移到指定的文本框中。当在窗体上建立了多个文本框后，可以用该方法把光标置于所需要的文本框上。其形式如下：

```
[对象.] SetFocus
```

例 2.5　实现简单的两数加法运算。要求分别通过两个文本框输入两个加数，结果在第三个文本框中显示。

分析：

① 属性设置见表 2-3。

表 2-3　属性设置

默认控件名	有关属性设置
Form1	Caption="加法运算"，Height=3000，Width=5000
Text1	
Text2	Text 为空，FontName="宋体"，FontSize=12
Text3	
Label1	Caption="+"，FontName="宋体"，FontSize=12
Label2	Caption="="，FontName="宋体"，FontSize=12

② 文本框数据输入结束可通过按回车键来表示。当第一个文本框输入数据并按回车键，触发 Keypress 事件，在事件过程中使焦点移到第二个文本框，输入数据并按回车键，计算结果在第三个文本框中显示，如图 2-9 所示。

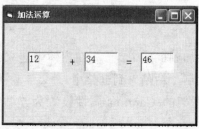

图 2-9　加法运算

程序代码如下：

```
Private Sub Text1_KeyPress(KeyAscii As Integer)
    If KeyAscii = 13 Then  Text2.SetFocus
End Sub
Private Sub Text2_KeyPress(KeyAscii As Integer)
    If KeyAscii = 13 Then Text3.Text = Val(Text1.Text) + Val(Text2.Text)
End Sub
```

2.1.5　框架

框架(Frame)是一个容器控件，用于将屏幕上的控件进行分组。可以把不同的控件放在一个框架中，每个框架可以看成是一个整体。移动框架时，框架内部的控件会随框架一起移动。

利用框架对控件分组有两种方式：

① 首先在窗体中建立一个框架，然后单击工具箱上的工具，在框架中适当位置拖曳出要进行分组的控件。

② 如果要用框架将现有的控件分组，则应先选中控件，将控件"剪切"到剪贴板，然后"粘贴"到框架中。

1．主要属性

(1) Caption 属性：用于设置框架的标题。

(2) Enabled 属性：用于设置框架的可操作性。

True——(默认)对框架内的控件可以进行操作。

False——不允许对框架内的控件进行操作。

(3) Visible 属性：用于设置框架的可见性。

True——(默认)框架及其中控件可见。

False——框架及其中控件不可见。

2．框架常用事件

框架的常用事件有 Click 和 DblClick。

例 2.6　为图 2-8 所示计算器界面添加一个框架，将命令按钮包围起来作为一个数字区出现。

分析：

① 将现有的命令按钮添加到框架中，首先在窗体中建立一个框架，然后选中所有命令按钮，"剪切"到剪贴板，然后"粘贴"到框架中。

② 框架属性设置：将框架的 Caption 属性设置为"数字区"。界面效果如图 2-10所示。

图 2-10　界面设计效果

2.2　VB 语言基础

简易计算器的主要功能是对数据进行简单的运算操作。数据是程序的必要组成部分，VB 把数据分成不同的类型，如数值型、字符型、逻辑型、日期型、变体型、对象型等基本数据类型。运算符主要包括算术运算符、字符串运算符、关系运算符和逻辑运算符。

2.2.1　数据类型

在各种程序设计语言中，数据类型的规定和处理方法有所不同。表 2-4 列出了 VB 中的基本数据类型、占用空间、表示范围等。

表 2-4　VB 的基本数据类型

数据类型		关键字	类型标志	空大小间(字节)	取值(或长度)范围
数数值型	整型	Integer	%	2	$-32768 \sim 32767$
	长整型	Long	&	4	$-2^{31} \sim 2^{31}-1$
	单精度型	Single	!	4	$\pm 1.401298E\text{-}45 \sim \pm 3.402823E38$
	双精度型	Double	#	8	$\pm 4.941D\text{-}324 \sim \pm 1.79D308$
	货币型	Currency	@	8	小数点左边 15 位，右边 4 位
	字节型	Byte	无	1	$0 \sim 255$
字符型		String	$	与字符串的长度有关	$0 \sim 2^{31}-1$ 个字符
布尔型		Boolean	无	2	True 与 False
日期型		Date（time）	无	8	01,01,100～12,31,9999 （00:00:00～23:59:59）
变体型		Variant	无	根据需要分配	上述有效范围之一
对象型		Object	无	4	任何对象引用

1．数值型

数值型分为整型和实型两类。整型分为整数和长整数，实型又称为浮点型，分为单精度和双精度浮点数。有时把货币型和字节型也归为数值型。简易计算器所能处理的数据是数值类型，如 3+5.5，其中，3 是整型数据，5.5 是实型数据。

（1）整型（Integer）

整型数是不带小数点的数，范围为 $-32768\sim32767$，一个整数在内存占用 2 字节（16 位）。在数据尾部加"%"符号也表示整型数据，如 123%表示整型数。

（2）长整型（Long）

长整型数的范围为 $-2^{31}\sim2^{31}-1$ 之间不带小数点的数，一个长整型数在内存中占 4 字节。在 VB 中，可在数尾加"&"表示长整型数据，如 59872&、123&。

（3）单精度（Single）

单精度是带小数点的实数，有效值为 7 位。在内存中用 4 字节存放一个单精度数。通常以指数形式（科学计数法）来表示，以"E"或"e"表示指数部分。可在数尾加"!"表示单精度数据，如 785.98!。

（4）双精度数据（Double）

双精度数据是带小数点的实数，有效值为 15 位。在内存中用 8 字节（64 位）存放一个双精度数。双精度数以"D"或"d"表示指数部分。在数尾加"#"表示双精度数据，如 9874.54778#。

（5）货币型（Currency）

货币类型是为计算货币而设置的数据类型，是一种特殊的小数。在内存中用 8 字节存储一个货币型数据，最多保留小数点右边 4 位和小数点左边 15 位，在小数点后超过 4 位的数字将自动四舍五入。在数尾可加"@"表示货币型数据。

货币型数据与浮点型数据都是带小数点的数，但浮点数中的小数点是"浮动"的，即小数点可出现在任何位置，而货币型数据的小数点是固定的，因此称为定点数据类型。

（6）字节型（Byte）

字节类型是一种数值类型，以 1 字节的无符号二进制数存储，取值范围为 $0\sim255$。

2．字符型（String）

字符串是一个字符序列，由放在一对双引号中的 ASCII 字符、汉字及其他可打印字符组成，如"123"、"abc"、"数据类型"。

VB 中的字符串分为定长（String ∗ n）和变长（String）两种，其中变长字符串的长度是不确定的，而定长字符串含有确定个数的字符。

注意：

① ""表示空字符串，而" "表示有一个空格的字符串。

② 文本框接收的内容为字符类型，所以，在文本框显示的数据必须转换成数值类型，再进行运算，可用 Val 函数来实现转换。

3．布尔型（Boolean）

布尔型数据是一个逻辑值，也称逻辑类型，用来表示逻辑判断结果，用 2 字节存储，它只取两种值：即 True（真）或 False（假）。如果数据信息是"True/False"、"Yes/No"、"On/Off"信息，则可将它定义为 Boolean 类型。当其他类型的数据转换为布尔型数据时，0 转换成 False，非 0 转换为 True；当布尔型数据转换成整型数时，False 转换为 0，True 转换为−1。

4．日期型（Date）

日期型数据用以表示日期，在内存中一个日期型数据用 8 字节来存放，表示从公元 100 年 1 月 1 日到公元 9999 年 12 月 31 日的日期，时间范围则从 0 点 0 分 0 秒到 23 点 59 分 59 秒，即 0:00:00～23:59:59。日期型数据的表示方式有两种：可以用号码符"#"括起来，也可以用数字序列表示（小数点左边的数字代表日期，右边代表时间，0 为午夜，0.5 为中午 12 点）。

5．变体型（Variant）

变体型是一种通用的、可变的数据类型，它可以表示上述任何一种数据类型。VB 中，对没有声明的变量，其默认的数据类型是变体型。变体型可以用来存储各种数据，所占用的内存比其他类型都多。

6．对象型（Object）

对象型数据主要以变量形式存在，可以引用应用程序中或其他应用程序中的对象，用来表示图形、OLE 对象或其他对象，用 4 字节存储。

2.2.2　变量与常量

通过计算器实现简单的加法运算，如 3+5.5，其步骤是首先在数字区单击"3"，在文本框显示"3"；然后在运算符区选择"+"，此时，表示第一个数输入结束，开始输入第二个数 5.5，在文本框显示"5.5"。第一个操作数和选择的运算符都需要保存起来，可以用变量来存放。

1．变量

变量在程序执行期间其值是可变的，它代表内存中指定的存储单元。每个变量都有一个名字和相应的数据类型，通过名字来引用一个变量，而数据类型决定了该变量的存储方式。

（1）变量的命名规则

① 必须以字母或汉字开头，由字母、汉字、数字或下划线组成，最长可达 255 个字符；

② 不能使用 VB 中的关键字，且最好不与 VB 中标准函数名同名；

③ 不区分字母大小写，一般变量首字母用大写，其余用小写，常量全部用大写字母表示。

(2) 变量的声明

使用变量前，一般必须先声明变量名及其类型，以决定系统为它分配的存储单元和运算规则。在 VB 中可以通过以下几种方式来声明变量及其类型。

① 用 Dim 语句声明变量。

格式：

```
Dim  变量名  [As  类型]
```

说明：

● 当省略"As 类型"时，则所创建的变量默认为变体类型。

● 可在变量名后加类型符来代替"As 类型"。此时变量名与类型符之间不能有空格。

例如：

```
Dim  Key  As  string
```

等价于：

```
Dim  Key$
```

● 一个 Dim 语句可以同时定义多个变量，但每个变量必须有自己的类型声明，否则为变体类型。

例如：

```
Dim  a, b  As  double
```

则创建了变体型变量 a 和双精度变量 b。

● 对字符串变量，根据其存放的字符串长度是否固定，其定义方法有两种：

```
Dim 字符串变量名 As String
Dim 字符串变量名 As Strint * 字符数
```

② 隐式声明。

在 VB 中，允许对变量不加声明而直接使用，称为隐式声明。所有隐式声明的变量都是 Variant 类型，作用范围仅限于变量所在的过程。

(3) 变量的作用域

计算器运算的过程中，第一个操作数和运算符对于多个事件过程都有效，所以，需要根据作用的范围来定义变量。VB 中，根据变量的作用域，可将变量分为局部变量、模块变量和全局变量。

① 局部变量。

在过程内定义的变量为局部变量，其作用域是它所在的过程。某一过程的执行只对该过程内的变量产生作用，对其他过程中相同名字的局部变量没有影响。因此，在不同的过程中可以定义相同名字的局部变量，它们彼此互不相干。

局部变量在过程中可用 Dim 和 Static 定义。使用 Dim 语句声明的局部变量，只在过程被调用的时候存在，一旦该过程结束，变量占用的存储单元被释放，其内容自动消失；用 Static 声明的局部变量为静态变量，它在程序运行过程中可保留变量的值。

分析以下程序段的结果：

```
Private Sub Command1_click()
    Static x As Integer
    x = x + 1
    Print "x="; x
End Sub
```

将其中语句 Static x As Integer 改成 Dim x as integer，分析结果。

② 模块变量。

用 Private 或 Dim 关键字在窗体模块的通用声明段或标准模块声明的变量都称为模块变量。模块变量可被所声明的模块中的任何过程访问，其作用域是它们所在的模块。计算器实现过程中，用于存放操作数和运算符的变量都应定义成模块变量，因为，它们对于该窗体模块中的多个事件过程都有效。

③ 全局变量。

全局变量也称为全程变量，其作用域最大，可以在工程的每个模块、每个过程中使用。全局变量是用 Public 在窗体模块或标准模块的通用声明部分进行声明的。只有当整个应用程序执行结束时，变量的值才会消失。

2. 常量

在程序中，数据既可以变量的形式出现，也可以常量的形式出现。

在程序执行期间其值不变的数据称为常量。VB 中的常量分为 3 种：文字常量、符号常量和系统常量。

（1）文字常量

文字常量也称为直接常量，其取值直接反映了其类型，也可在数据后面加类型符显式地说明其类型。

例如，123、123&、1.23E2、1.23D2、"123"分别为整型、长整型、单精度型、双精度型、字符类型。

（2）符号常量

用户可以定义符号常量，用来代替数值或字符串。一般格式为：

```
Const  符号常量名  [As 类型 ] = 表达式
```

其中：

Const：说明该语句为常量声明语句。

符号常量名：常量的命名规则与变量命名规则相同。

As 类型：说明该常量的数据类型，若省略该选项，数据类型由表达式决定。也可在常量后加类型符。

表达式：由数值常量、字符串常量以及运算符所组成的表达式。

例如：

```
Const  Pi = 3.14159              '声明常量 Pi，代表 3.14159，单精度型
Const  ST  As  String ="Name"    '声明常量 ST，代表"Name"，字符型
Const  SHU# = 12.34              '声明常量 SHU，代表 12.34，双精度型
```

（3）系统常量

VB 提供了大量预定义的常量，可以在程序中直接使用，这些常量均以小写字母 vb 开头，例如，vbCrLf 就是一个系统常量，代表回车换行符，相当于执行回车换行操作。系统常量也是符号常量，但它由系统定义，可在程序中引用，不能修改。

2.2.3 运算符和表达式

运算是对数据的加工。计算器的基本功能就是对数据做简单的运算操作，如加、减、乘、除等运算，每种运算形式用不同的符号来描述，称为运算符。被运算的对象，即数据，称为操作数。由运算符和操作数组成的有效的式子称为表达式。

VB 中的运算符可分为算术运算符、字符运算符、关系运算符和逻辑运算符 4 类。

1．算术运算符

算术运算符是常用的运算符，用来执行简单的算术运算。表 2-5 以优先级为序列出算术运算符。

表 2-5 算术运算符

运算符	含义	优先级	实例	结果
^	乘方	1	5 ^ 2	25
−	负号	2	− 5	−5
*	乘	3	5 * 2	10
/	除	3	5 / 2	2.5
\	整除	4	5 \ 2	2
Mod	取模	5	5 Mod 2	1
+	加	6	5 + 2	7
−	减	6	5 − 2	3

注意：对于整除和取模运算，当操作数是小数时，首先被四舍五入为整数，然后进行运算，其结果为整数。

例 2.7 在例 2.6 的基础上，将算术运算符添加到数字区的右侧，作为运算符区的一部分，方便用户选择不同的运算方式，界面效果如图 2-11 所示。

分析：

① 运算符区的控件用来接收来自用户的操作，所以，和数字区一样，使用命令按钮。所有符号键都包含在一个框架中。首先，在数字区右侧添加一个框架，然后在框架中添加多个命令按钮。

图 2-11 添加算术运算符之后的界面

② 框架标题显示为"运算符区"，要通过其 Caption 属性进行修改；每个命令按钮上显示不同的运算符，同样要设置 Caption 属性；字体大小和数字区一样，要设置 Font 属性，属性设置见表 2-6。

表 2-6 属性设置

默认控件名	控件名（Name）	标题（Caption）	字体（Font）
Frame1	Frame1	运算符区	
Command1	add	+	
Command2	subs	−	
Command3	mul	*	
Command4	div	/	
Command5	modi	mod	FontName="宋体" FontSize=12
Command6	mulpi	^	
Command7	sign	+/−	
Command8	equal	=	

注意：

① 控件名称不能与 VB 中的关键字相同，如 Command5 的名称不能设置为 mod。

② 运算符区给用户提供了选择运算符的功能，但只能记录所选运算符的样式，不能进行真正的运算操作，需要在对应的事件过程中编写代码来实现运算功能。

例 2.8 实现简单的加法运算，如 1+2。

分析：

① 用户首先在数字区单击"1"，执行 cmd1_Click（）事件过程，文本框显示"1"；由于文本框中的内容为字符类型，所以，在运算之前要用 Val 函数将字符类型转换成数值类型。

② 然后在运算符区单击"+"，执行 add_Click()事件过程。此时，表示第一个数输入结束，用整型变量 a 将该数保存起来；同样，运算符也要保存起来，用字符变量 Key 来存放。这两个变量在整个窗体模块都有效，所以，应在代码窗口的通用声明段定义为模块变量或全局变量。

③ 用户在数字区选择"2"，执行 cmd2_Click()事件过程，文本框显示"2"。同样，运算之前需要转换成数值类型。

④ 最后，用户单击"="，执行 equal_Click()事件过程，将存放第一个操作数的变量和当前文本框上显示的第二个操作数进行加法运算，结果在文本框中显示。

部分代码如下：

```
'定义两个模块变量，对整个窗体模块都有效
Dim a As Integer                    '存放第一个操作数
Dim key As String                   '存放运算符
Private Sub cmd1_Click()
    Text1.Text = cmd1.Caption
End Sub
Private Sub cmd2_Click()
    Text1.Text = cmd2.Caption
End Sub
Private Sub add_Click()
    a = Val(Text1.Text)
    Key = add.Caption
End Sub
Private Sub equal_Click()
    Text1.Text = a + Val(Text1.Text)
End Sub
```

运行结果如图 2-12 所示。

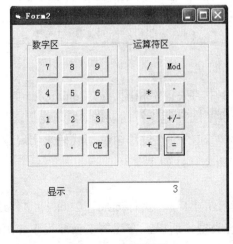

图 2-12　运行结果

思考：

① 要求两个操作数可以是实数(带小数点的数)，实现过程参见例 2.9。

② 要求用户可以选择不同的运算方式，实现过程参见例 2.10。

2．字符串运算符

字符串运算符包括"&"和"+"，作用是将两个字符串连接起来。在字符串变量后使用"&"运算符时，变量和运算符之间应加一个空格。因为"&"既是字符串连接符，也是长整型类型符，当变量名和符号"&"连在一起时，VB 把它作为类型符号处理，这时将报错。

连接符"&"和"+"之间的区别如下：

"&"：符号两边的操作数不管是字符型还是数值型，进行连接操作前，系统先将操作数转换成字符型，然后再连接。

"+"：连接符比较复杂，如果参与运算的操作数均为数值型，则进行加法运算；若一个为数值型，另一个为字符型数字，则自动将字符数字转换成数值后，再完成加法运算；如果参与运算的都是字符串，则进行字符串连接运算。例如：

"abc"+"12"，结果为"abc12"；

"123"+55，结果为 178；

"abc"+12，结果则出错。

如果要实现多位数运算，就需要用字符串运算符将每次单击数字键的 Caption 属性值连接起来，如果对实数进行运算，需要将数字部分与小数点符号连接。

例 2.9　实现多位数、实数或负数的加法运算。要求解决例 2.3 中数字被覆盖的问题。(单击数字键，在文本框中显示相应的数字，但是，当用户第二次单击数字键时，文本框只显示当前被单击的数字键的 Caption 属性值，上一次显示的数字被覆盖了)。

分析：

① 若第一次单击数字键"1"，在文本框显示字符"1"，第二次单击"2"，要求文本框显示"12"，即要求将文本框原有的字符和当前被单击的数字键的 Caption 属性值进行连接。

② 若单击"."，表示该数据为实数，需要修改变量的类型，并且，要求将"."与之前文本框显示的内容进行连接。

③ 若单击"+/-"，表示对输入数据的正、负符号进行切换。

主要代码如下：

```
Dim a As Single                          '操作数可以是小数
Dim key As String
Private Sub cmd0_Click()
    Text1.Text = Text1.Text + cmd0.Caption '可用 "&" 代替 "+"
End Sub
    …
Private Sub cmd9_Click()
```

```
      Text1.Text = Text1.Text + cmd9.Caption
   End Sub
   Private Sub cmddot_Click()                    '连接小数点
      Text1.Text = Text1.Text + cmddot.Caption
   End Sub
   Private Sub sign_Click()                      '数据符号切换
      Text1.Text = -Val(Text1.Text)
   End Sub
   Private Sub add_Click()
      a = Val(Text1.Text)
      Key = add.Caption
      Text1.Text=" "                             '将文本框清空，准备输入第二个数
   End Sub
```

注意：

当操作数为实数时，需要连接小数点。在上述代码中存在的问题：单击多次小数点，就连接多次，会出现错误的数据，如 1..25，所以，应该在程序中进行控制，代码修改如下：

```
   Private Sub cmddot_Click()
      Text1.Text = Text1.Text + cmddot.Caption
      If InStr(Text1.Text, ".") < Len(Text1.Text) Then   '防止出现多个小数点
          Text1.Text = Left(Text1.Text, Len(Text1.Text) - 1)
      End If
   End Sub
```

其中，InStr、Len、Left 均为系统函数。

例 2.10 实现各种算术运算操作。

分析：

① 若用户单击运算符区"*"，执行的是 mul_Click( )事件过程。选择不同的运算符号，则执行不同的事件过程，但过程中代码作用相同。

② 单击"="，执行 equal_Click( )事件过程，由于存在多种运算符，所以，需要对变量 Key 中存放的运算符号进行判断，然后进行相应的运算。

主要代码如下：

```
   Private Sub subs_Click()
      a = Val(Text1.Text)
      Key = subs.Caption
      Text1.Text = " "
   End Sub
   Private Sub mul_Click()
      a = Val(Text1.Text)
      Key = mul.Caption
      Text1.Text = " "
```

```
End Sub
...
Private Sub equal_Click()              ' 使用 If 语句对运算符进行判断
    If key = "+" Then Text1.Text = a + Val(Text1.Text)
    If key = "-" Then Text1.Text = a - Val(Text1.Text)
    If key = "*" Then Text1.Text = a * Val(Text1.Text)
    If key = "/" Then Text1.Text = a / Val(Text1.Text)
    If key = "Mod" Then Text1.Text = a Mod Val(Text1.Text)
    If key = "^" Then Text1.Text = a ^ Val(Text1.Text)
End Sub
```

3. 关系运算符

关系运算符也称比较运算符，作用是将两个操作数或表达式进行大小比较。若关系成立，则返回 True，否则返回 False。在 VB 中，True 用 -1 表示，False 用 0 表示。用关系运算符既可以进行数值的比较，也可以进行字符串的比较。关系运算符共有 8 种，见表 2-7。

表 2-7　关系运算符

运算符	含义	实例	结果
=	等于	"ABC" = "abc"	False
<	小于	2 < 3	True
<=	小于或等于	"2" <= "3"	True
>	大于	2 > 3	False
>=	大于或等于	"AB" >= "ab"	False
<>	不等于	"ABC" <> "abc"	True
Like	字符串匹配	"ABCDE" Like "*CD*"	True
Is	比较		

运算规则如下：

① 若两个操作数是数值型，则按其大小比较。

② 若两个操作数是字符型，则按字符的 ASCII 码值从左到右逐一比较，即首先比较两个字符串的第一个字符，其中 ASCII 码值大的字符串大。如果第一个字符相同，则比较第二个字符，依次类推，直到出现不同的字符为止。

③ 关系运算符优先级相同。

④ "Like" 运算符主要用于数据库查询，经常与以下通配符结合使用。

"?"：表示任何单一字符。

"*"：表示零个或多个字符。

"#"：表示任何一个数字（0～9）。

[字符列表]：表示字符列表中的任何单一字符。

[！字符列表]：表示不在字符列表中的任何单一字符。

⑤ "Is" 运算符用于对两个对象变量进行比较，表示两个对象是否是相同对象。

例 2.11 将部分关系运算符添加到计算器的运算符区，实现操作数的比较，界面效果如图 2-13 所示。

图 2-13 添加关系运算符之后的界面

分析：

① 添加 4 个命令按钮，属性设置见表 2-8。

表 2-8 属性设置

默认控件名	控件名 (Name)	标题 (Caption)	字体 (Font)
Command1	less	<	
Command2	more	>	FontName="宋体"
Command3	notequal	<>	FontSize=12
Command4	likes	Like	

② 和运算符区的算术运算符一样，每个新添的命令按钮都有相应的事件过程。并且，在 equal_Click( )事件过程中，需要增加对运算符的判断条件。

主要代码如下：

```
Private Sub less_Click()
    a = Val(Text1.Text)
    key = less.Caption
    Text1.Text = " "
End Sub
...
Private Sub likes_Click()
    a = Val(Text1.Text)
    key = likes.Caption
    Text1.Text = " "
```

```
End Sub
Private Sub equal_Click()
    ...                                          '进行算术运算
    If key = "<" Then Text1.Text = a < Val(Text1.Text)'进行关系运算
    If key = ">" Then Text1.Text = a > Val(Text1.Text)
    If key = "<>" Then Text1.Text = a <> Val(Text1.Text)
    If key = "Like" Then
        b = "*" & Trim(Text1.Text) & "*"
      If (Str(a) Like b) Then Text1.Text = True Else Text1.Text = False
    End If
End Sub
```

注意：

此案例在进行关系运算之前，用 Val 函数将两个操作数转换成数值型数据，则按其数据大小比较。如果，要进行字符数字的比较，则在运算之前将操作数作为字符类型数据保存。

4．逻辑运算

逻辑运算符是将操作数或表达式进行逻辑运算，其结果是一个逻辑值："True"和"False"。表 2-9 列出了 VB 中常用的逻辑运算符，以及针对表达式进行逻辑运算的情况。

表 2-9　逻辑运算符

运算符	含义	优先级	实例	结果	说明
Not	取反	1	Not(2<3)	False	由真变假或由假变真
And	与	2	(2>3)And(5<6)	False	两个表达式都为真结果才为真
Or	或	3	(2>3)Or(5<6)	True	两个表达式都为假结果才为假
Xor	异或	3	(2>3)Xor(5<6)	True	表达式一真一假结果才为真

如果逻辑运算符对数值进行运算，则以数字的二进制值逐位进行逻辑运算。例如：

10 And 7

转换成 16 位二进制数进行运算，即：

$$
\begin{array}{r}
00000000\ 00001010 \\
\text{And}\quad 00000000\ 00000111 \\
\hline
00000000\ 00000010
\end{array}
$$

因此，10 And 7 的结果为 2。

例 2.12　将逻辑运算符添加到计算器的运算符区，对数值进行逻辑运算，界面效果如图 2-14 所示。

图 2-14　添加逻辑运算符之后的界面

分析：

① 添加 4 个命令按钮，属性设置见表 2-10。

表 2-10　属性设置

默认控件名	控件名（Name）	标题（Caption）	字体（Font）
Command1	cmdnot	Not	
Command2	cmdand	And	FontName="宋体"
Command3	cmdor	Or	FontSize=12
Command4	cmdxor	Xor	

② 同样为每个新添的命令按钮编写相应的事件过程。在 equal_Click（）事件过程中，增加判断条件。

主要代码如下：

```
Private Sub cmdnot_Click()
    a = Val(Text1.Text)
    key = cmdnot.Caption
    Text1.Text = " "
End Sub
...
Private Sub equal_Click()
    ...                         '判断变量 Key 的值
    If key = "And" Then Text1.Text = a And Val(Text1.Text)
    If key = "Or" Then Text1.Text = a Or Val(Text1.Text)
    If key = "Xor" Then Text1.Text = a Xor Val(Text1.Text)
    If key = "Not" Then Text1.Text = Not a
End Sub
```

5．表达式

表达式由常量、变量、运算符、函数和圆括号按一定的规则组成，通过运算，产生一个唯一的结果，运算结果的类型由数据和运算符共同决定。VB 程序会按运算符的含义和运算规则执行实际的运算操作。

表达式最终由系统理解和执行，所以在书写时必须遵守如下书写规则：

① 乘号不能省略；

② 括号必须成对出现，均使用圆括号，可以嵌套，但必须配对；

③ 表达式从左到右在同一基准上书写，无高低、大小之分。

如前所述，算术运算符、逻辑运算符都有不同的优先级。当一个表达式中出现多种不同类型的运算符时，不同类型的运算符优先级如下：

算术运算符 ＞ 字符串运算符 ＞ 关系运算符 ＞ 逻辑运算符

在运算过程中，如果操作数具有不同的数据精度，则 VB 规定运算结果的数据类型采用精度高的数据类型，即：

```
Integer<Long<Single<Double<Currency
```

但当 Long 型数据与 Single 型数据运算时，结果为 Double 型数据。

思考：

如何利用计算器实现优先级别相同的算术运算操作，如表达式 4*6/8 ？

2.2.4　程序书写规则

书写 VB 程序时应遵守相应的规则，不仅应该满足 VB 的语法要求，同时还应该使程序具有良好的可读性。

1．编码规则

程序是完成特定功能的语句序列，其最终由系统编译并运行，在书写程序时，应遵守如下规则。

① 程序中不区分字母的大小写，系统对用户程序代码进行自动转换，转换规则如下。

● 对于 VB 中的关键字，首字母被转换成大写，其余转换成小写；

● 若关键字由多个英文单词组成，则将每个单词的首字母转换成大写；

● 对于用户定义的变量、过程名，以第一次定义的为准，以后输入的自动转换成首次定义的形式。

② 同一行可以书写多条语句，语句间用冒号"："分隔，一行允许多达 255 个字符。

③ 单行语句可以分多行书写，在本行后加续行符：空格和下划线"□_"，□表示空格。

2．程序的注释规则

编写的程序应便于阅读和理解，而最好的解决方法就是给程序添加注释。注释语句是非执行语句，仅对程序的有关内容起注释作用。在添加注释时，应遵守如下规则：

① 整行注释一般以 Rem 开头；

② 用单引号"'"引导的注释，既可以是整行的，也可以直接放在语句的后面；

③ 可以利用"编辑"工具栏的"设置注释块"、"解除注释块"来设置多行注释。

2.3 综合应用

本章介绍了几种基本控件(包括窗体、标签、文本框、命令按钮和框架)的属性、事件和方法，以及 VB 的数据类型、运算符等语言基础。下面通过一个综合应用的例子，对本章的主要内容做个归纳。

例 2.13 建立一个类似记事本的应用程序，要求部分命令按钮可显示图片。该程序主要提供两类操作：

① 剪切、复制和粘贴操作；

② 字体类型、字体大小的格式设置。

程序运行界面如图 2-15 所示。

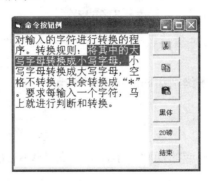

图 2-15 记事本运行界面

分析：

① 根据题目要求，命令按钮显示图片，需要设置其 Style 属性和 Picture 属性；文本框显示多行信息，需要设置其 Multiline 属性。详细属性设置见表 2-11。

表 2-11 属性设置

默认控件名	标题(Caption)	图片(Picture)	按钮样式(Style)	其他
Command1	空白	Cut.bmp		
Command2	空白	Copy.bmp	Style=1	
Command3	空白	Paste.bmp		
Command4	黑体	空白		FontName="宋体"
Command5	20 磅	空白	Style=0	FontSize=12
Command6	结束	空白		
Text1	无	无	无	Multiline=True ScrollBars =3 FontName="宋体" FontSize=16

② 要实现剪切、复制和粘贴操作，需要利用文本框的 SelText 属性；要实现格式设置，须利用 Font 属性。

主要代码如下：

```
Dim s As String                      '为复制、剪切和粘贴操作定义所需的模块级变量
Private Sub Command1_Click()
    s = Text1.SelText                '将选中的内容存放到 s 变量中
    Text1.SelText = ""               '将选中的内容清除，实现剪切
End Sub
Private Sub Command2_Click()
    S = Text1.SelText                '将选中的内容存放到 s 变量中
End Sub
Private Sub Command3_Click()
    Text1.SelText = s                '将 s 变量中的内容插入到光标所在的位置，实现粘贴
End Sub
Private Sub Command4_Click()
  Text1.FontName = "黑体"
End Sub
Private Sub Command5_Click()
    Text1.FontSize = 20
End Sub
Private Sub Command6_Click()
    End
End Sub
```

注意：

① 在命令按钮上显示图片时，先要将其 Style 属性设置为 1 时，再设置 Picture 属性指定显示的图片文件。

② 变量 s 被多个事件过程使用，所以必须在所有过程前声明该变量，称为模块级变量。

2.4　程序调试

在编写程序的过程中，错误是不可避免的。作为程序设计人员，必须了解程序的错误类型和处理方法，掌握程序的调试方法。

2.4.1　错误类型

在程序设计中容易出现的错误主要有编辑错误、编译错误、运行错误和逻辑错误 4 种类型。

1. 编辑错误

当在代码窗口中输入程序代码时，计算机会自动进行语法检查，当语句没有输入完或

者关键字有错误时，VB 都会自动弹出一个出错窗口，提示用户修改错误。此时单击"确定"按钮，关闭提示窗口，出错的地方会变成红色，提示用户进行修改。

设置"自动语法检测"选项的方法是选择"工具"→"选项"命令，在弹出的对话框中选择"编辑器"选项卡，选择"自动语法检测"复选框。

如图 2-16 所示，定义变量时，逗号为中文格式，由于输入错误，系统自动提示"无效字符"。

图 2-16 程序编辑错误

2．编译错误

当用户单击"启动"按钮运行程序时，VB 首先要对代码进行编译，这时产生的错误就称为编译错误。编译错误的产生一般是由于用户没有严格按照 VB 的语法规则编写代码，比如对变量、数组未定义就使用，If 块缺少 End If，For 循环由于 For 和 Next 中的循环不一致等情况，VB 在编译时就会发现，并给出出错信息。编译错误又称语法错误，这类错误比较容易发现和处理。如图 2-17 所示，由于 For 循环缺少 Next 语句产生了编译错误。

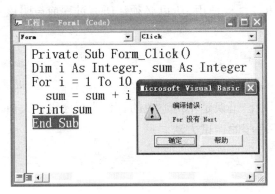

图 2-17 程序编译错误

3．运行错误

运行错误指 VB 在编译通过后，运行代码时发生的错误，一般是由于指令代码执行了非法操作引起的，如：数据类型不匹配、试图打开一个不存在的文件等。当程序中出现这种错误时，系统会报错并加亮显示、等候用户处理。

如图 2-18 所示，c = a/b，此语句本身并无语法错误，但当 b 为零时，此除法就是无效的操作。这样的错误从静态上是看不出来的，只有当程序运行时才能够检测到，为此，可以在程序中加入一个或多个条件进行检查，从而保证程序的正确执行。

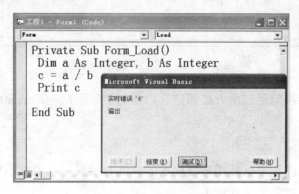

图 2-18　程序运行错误

4．逻辑错误

当应用程序没有产生预期的结果，说明程序存在逻辑错误。逻辑错误产生的原因很多，例如，语句顺序不对、运算符书写不正确、条件、循环的设置错误等都可以产生逻辑错误。

当程序产生逻辑错误时，不会有任何的错误提示，必须认真地分析阅读程序，逐句执行程序，随时监测各种变量和表达式的当前值，才能找到隐蔽的逻辑错误，这个过程称为调试。

2.4.2　调试和排错

为了更正程序中发生的不同错误，VB 提供了丰富的调试工具。主要运用设置断点、插入观察变量、逐行执行、过程跟踪等手段，然后在调试窗口显示所关注的信息。

1．插入断点和逐语句跟踪

在代码窗口中选择怀疑存在问题的地方作为断点，按 F9 键或单击代码左侧的边界指示条设置断点。当某一行设置断点后，该行代码将以红底白字显示，并在边界指示条中出现一个红色的圈。程序运行到断点语句处停下，进入中断模式，在此之前所设置的变量、属性、表达式的值，通过鼠标移到其所在位置，可以进行查看，如图 2-19 所示。再按 F9 键即可清除断点。

若要继续跟踪断点以后的语句执行情况，只要按 F8 键或者选择"调试"菜单中的"逐语句"命令。在图 2-19 中，边界指示条中小箭头为当前行标记。

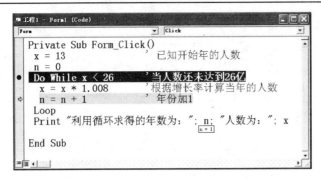

图 2-19　插入断点和逐语句跟踪

将设置断点和逐语句跟踪的方法相结合，是初学者调试程序最简捷的方法。

2．调试窗口

在中断模式下，除了用鼠标指向要观察的变量直接显示其值外，VB 还提供了 3 种窗口来查看和监视变量以及表达式的值。

（1）"立即"窗口

"立即"窗口是调试窗口中最方便、最常用的窗口。单击"视图"→"立即窗口"命令或单击调试工具栏的"立即窗口"按钮即可打开"立即"窗口。可以在程序代码中利用 Debug.Print 方法，把输出送到"立即"窗口，也可以直接在该窗口使用 Print 语句或"？"显示变量的值，如图 2-20 所示。

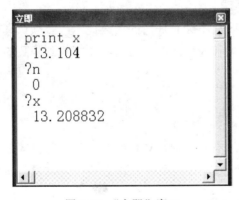

图 2-20　"立即"窗口

（2）"本地"窗口

"本地"窗口显示当前过程中所有变量的值。当程序的执行从一个过程切换到另一个过程时，"本地"窗口内容会显示另一个过程内的所有变量的取值情况。这样就可以在单步执行时随时监视这些变量的值。单击"视图"→"本地窗口"命令或单击调试工具栏的"本地窗口"按钮即可打开"本地"窗口，如图 2-21 所示。

（3）"监视"窗口

可以通过"监视"窗口来监视变量和表达式的值。在此之前必须在设计阶段，利用"调试"菜单的"添加监视命令"或"快速监视"命令添加监视表达式并设置监视类型，在运行时显示在"监视"窗口中，如图 2-22 所示，根据所设置的监视类型进行相应的显示。

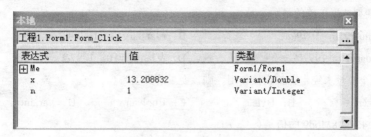

图 2-21 "本地"窗口

图 2-22 "监视"窗口

习题 2

一、选择题

1．窗体文件的扩展名是（　　）。

　　A．.bas　　　　　　B．.cls　　　　　　C．.frm　　　　　　D．.res

2．用来标志对象名称的属性是（　　）。

　　A．Caption　　　　B．Value　　　　　C．Text　　　　　　D．Name

3．改变窗体的标题时，应当在属性窗口中改变（　　）的属性。

　　A．Caption　　　　B．Name　　　　　C．Text　　　　　　D．Label

4．窗体能响应的事件是（　　）。

　　A．ActiveForm　　B．Drive　　　　　C．Load　　　　　　D．Change

5．为了使文本框同时具有水平和垂直滚动条,应先把 MultiLine 属性设置为 True,然后再把 ScrollBars 属性设置为（　　）。

　　A．0　　　　　　　B．1　　　　　　　C．2　　　　　　　　D．3

6．在为了使标签中的内容居中显示，应把 Alignment 属性设置为（　　）。

　　A．0　　　　　　　B．1　　　　　　　C．2　　　　　　　　D．3

7．（　　）不能作为 VB 的合法变量名。

　　A．Xy　　　　　　B．a6　　　　　　　C．Const　　　　　　D．const1

8．要声明一个长度为 256 个字符的定长字符串变量 str，下列语句正确的是（　　）。

A．Dim str As String   B．Dim str As String（256）

C．Dim str As String[256]   D．Dim str As String*256

9．下列日期型数据正确的是（　　　）。

    A．@January10，1979@   B．#January10，1997#

    C．"January10，1997"   D．&January10，1997&

10．如果一个变量未经定义就直接使用，则该变量的类型为（　　　）。

    A．Integer   B．Byte   C．Boolean   D．Variant

11．表达式 45\67/8Mod9 的值是（　　　）。

    A．4   B．5   C．6   D．7

12．设 $x = 3$，则表达式 $4 < x < 2$ 的值是（　　　）。

    A．True   B．False   C．1   D．0

二、程序设计

1．启动 VB，创建一个窗体 Form1，在属性窗口中设置如下属性：Width = 7000，Height = 3000，Caption = "VB 6.0 窗体"，Left = 50，Top = 300，在 Form_Load()事件过程中做如下设置：背景色是蓝色，Font 为楷体、斜体、四号，并运行该窗体。

2．在上题 Form1 的基础上，添加一个标签、一个命令按钮、一个文本框，其大小和位置自定，标签的 Caption 值为 "欢迎新生入学"，命令按钮的 Caption 值为 "确定"，文本框的 Text 属性为空。并完成如下操作。

①　运行上述 Form1，在文本框中输入 "张三"。

②　在命令按钮的 Click 事件中输入语句 "Print "新同学的姓名是:",Text1.Text"，然后运行，再单击命令按钮。

第 3 章　VB 控制结构

用 VB 开发应用程序主要包括界面设计和程序代码的编写，简单的界面设计前面章节已经介绍过了，本章主要围绕计算器的函数区中部分功能的实现讲解 VB 程序结构的控制，介绍结构化程序设计思想，满足"单入口–单出口"的控制结构，程序代码只允许顺序、选择和循环三种结构。

图 3-1 是本书设计的多功能计算器界面，界面由四部分构成，左边是数字区，主要用于实现计算器的数字按键功能，中间运算符区是 VB 中常用的运算符，用于与数字结合构成常用运算表达式，右边是函数区，用于实现 VB 中常用算法和函数功能，输入、输出区用于完成应用程序的输入和输出。下面主要围绕函数区中常用算法的实现展开学习。

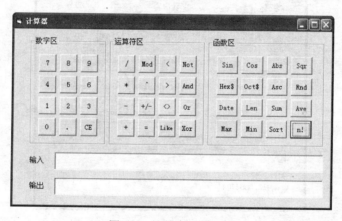

图 3-1　计算器界面设计

3.1　顺序结构

顺序结构是指按程序语句书写先后顺序执行的程序结构，图 3-2 是顺序结构流程图，它有一个入口和一个出口，顺序结构中主要使用的语句有变量定义、赋值、运算、输入、输出等。输入、输出可以通过文本框、InputBox、MsgBox 函数、Print 方法等来实现。

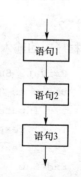

图 3-2　顺序结构流程图

3.1.1　引例

例 3.1　编程实现求半径为 r 的圆面积。

方法1：

① 在图 3-1 中"输入"文本框中输入半径 r 的值；

② 在函数区中 Area 命令按钮的单击事件中求出圆的面积；

③ 在"输出"文本框中输出圆的面积。

Area 命令按钮的单击事件代码如下：

```
Private Sub CmdCirc_Click()
Dim r As Single
r = Val(Text1.Text)
Text2.Text = 3.1415926 * r * r
End Sub
```

此顺序程序中只有三条语句，每条语句按出现顺序执行，图 3-3 是计算器的缩小版，以及求圆面积的运行结果。

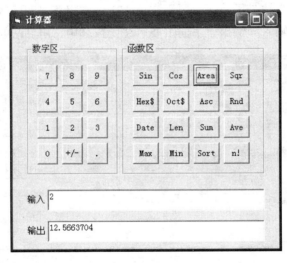

图 3-3 求圆面积运行结果

方法2：

本程序中的输入数据也可以通过输入框 InputBox 完成，代码如下：

```
Private Sub CmdCirc_Click()    '求圆面积的程序
Dim r As Single
r = InputBox("输入半径 r", "Area")
Text1.Text= r         '输入 r 之后同时也赋值给输入文本框
Text2.Text = 3.1415926 * r * r
End Sub
```

运行时单击 Area 按钮，弹出输入对话框如图 3-4 所示。

此时输入半径 2 时，在输出文本框中同样得到圆的面积。另外输出框除了使用文本框外，还可以通过 MsgBox 函数完成。

上述代码改为：

```
Private Sub CmdCirc_Click()
Dim r, s As Single
r = InputBox("输入半径 r", "Area")
s = 3.1415926 * r * r
MsgBox s, 0, "Area"
End Sub
```

输出结果如图 3-5 所示。

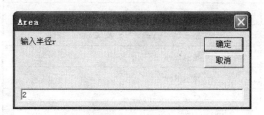

图 3-4　InputBox 输入界面

图 3-5　MsgBox 输出结果

3.1.2　数据的输入、输出函数

1. 输入函数 InputBox

InputBox 函数用来获取用户的输入，在对话框中显示提示，等待用户输入正文或单击按钮，并返回包含文本框内容的 String。其格式如下：

```
InputBox(prompt[, title] [, default] [, xpos] [, ypos] [, helpfile,
context])
```

说明如下：

① prompt：必需，是对话框出现的提示信息。

② title：可选，对话框标题栏中所显示的内容，如果省略，应用程序名放入标题栏中。

③ default：可选，显示文本框中的字符串表达式，如果省略，则文本框为空。

④ xpos：可选，指定对话框左边与屏幕左边的水平距离，如果省略，对话框水平居中。

⑤ ypos：可选，指定对话框上边与屏幕上边的距离，如果省略，对话框垂直距下边约三分之一的位置。

⑥ InputBox( ) 函数返回的是一个字符串。

2. 输出函数 MsgBox

MsgBox 函数的格式如下：

```
MsgBox(prompt [, type][, title][, helpFile, context])
```

该函数共有 5 个参数，除 prompt 参数外，其余都是可选参数。

① prompt 是字符串类型，长度限制为 1024 个字符，超出字符会被自动截取。

② type 是一个整数值或符号常量，用来控制在对话框内显示的按钮、图标的类型。参

数值由四类数值相加产生，这四类数值或符号常量分别表示按钮的类型、显示图标的种类、活动按钮的位置及强制返回，见表 3-1。

表 3-1　type 参数及功能

常数	值	功能描述
vbOKOnly	0	显示 OK 按钮
VbOKCancel	1	显示 OK 及 Cancel 按钮
VbAbortRetryIgnore	2	显示 Abort、Retry 及 Ignore 按钮
VbYesNoCancel	3	显示显示 Yes、No 及 Cancel 按钮
VbYesNo	4	显示 Yes 及 No 按钮
VbRetryCancel	5	显示 Retry
VbCritical	16	显示 Critical Message
VbQuestion	32	显示 Warning Query
VbExclamation	48	显示 Warning Message
VbInformation	64	显示 Information Message
vbDefaultButton1	0	第一个按钮是默认值
vbDefaultButton2	256	第二个按钮是默认值
vbDefaultButton3	512	第三个按钮是默认值
vbDefaultButton4	768	第四个按钮是默认值

type 参数由表 3-1 中的四类数值组成，原则是：从每一类中选择一个值（仅仅一个值，不得重复），把这几个值加在一起就是 Type 参数的值（一般情况下，只需要使用前三类）。

例 3.2　MsgBox　"是否暂停打印!"，16，"提示"

type 参数为 16，分解成：16=0+16+0，显示"确定"按钮（0）+"暂停"图标（16）+默认按钮为"确定"（0），如图 3-6 所示。

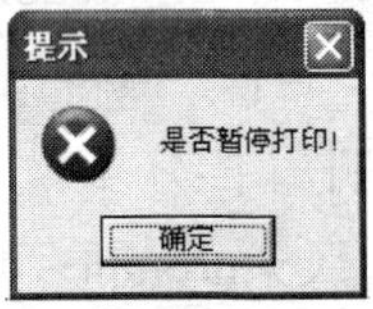

图 3-6　提示对话框

MsgBox 函数的返回值是一个整数，这个整数与所选择的命令按钮相关，见表 3-2。

表 3-2　返回值参数表

常数	值	描述
vbOK	1	OK
vbCancel	2	Cancel
vbAbort	3	Abort
vbRetry	4	Retry
vbIgnore	5	Ignore
vbYes	6	Yes
vbNo	7	No

3.2　选择结构

在现实问题中有需要根据给定的条件决定所要执行的操作，这需要用选择结构处理。一般有两种格式：一种是单行结构的条件选择，另一种是块结构的判别条件选择。

3.2.1　单行结构条件语句

格式：

    If＜条件表达式＞Then＜语句块 1＞[Else＜语句块 2＞]

说明：

① 表达式：可以是关系表达式、逻辑表达式，也可以是算术表达式。表达式按非零 True，零为 False 进行判断。

② 方括号中为可选项。

③ 单行结构的 If 语句必须写在同一行。

④ 执行过程：先计算条件表达式，如果表达式为非零，则执行语句块 1，否则执行语句块 2，语句块 1 和语句块 2 可以是一条或多条语句，当含多条语句时，各语句之间用冒号：隔开。此结构分为二路分支结构如图 3-7(a)和单分支结构如图 3-7(b)，图 3-7(b)是 Else 部分省略的情况。

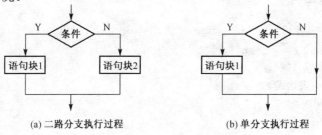

(a) 二路分支执行过程　　　　　(b) 单分支执行过程

图 3-7　单行结构条件语句

例 3.3　图 3-1 函数区中有一个 Abs 按钮，即求出 x 的绝对值，只需要写出如下代码就可以实现，x 由输入文本框输入。

```
Private Sub Command10_Click()
  Dim x As Single
  x = Val(Text1.Text)
  If x > 0 Then Text2.Text = x Else Text2.Text = -x    '单行结构条件语句
End Sub
```

3.2.2　块结构条件语句

1. 块 If 结构的一般格式

格式：If　＜条件＞　Then

```
        <语句块 1>
    Else
        <语句块 2>
    End If
```

说明：

① 执行 If 时，先判断条件的值，如为真，则执行<语句块 1>，否则执行<语句块 2>由 End If 出口，此结构的执行流程与图 3-7 相同，区别是此语句格式分多行写完。

② Else 部分可省略

③ If-Then 必须写在一行上，Then 是该语句的结尾。

例 3.4 图 3-1 函数区中求最大值按钮 Max，如果求的是 a、b、c 三个数的最大值，主要代码如下：

```
    If a>b Then
        Max=a
    Else
        Max=b
    End If
    If c>max Then Max=c
```

此段程序执行后变量 Max 中记录了 a、b、c 三个数的最大值。

以上程序用到了 If 语句的单行结构和块结构。

2. ElseIf 的块结构

格式如下：

```
    If  <表达式 1>  Then
        <语句块 1>
    ElseIf  <表达式 2>  Then
        <语句块 2>
            ...
    [Else
        <语句块  n+1>]
    End If
```

该结构的作用是根据不同表达式确定执行的语句块，如图 3-8 所示。

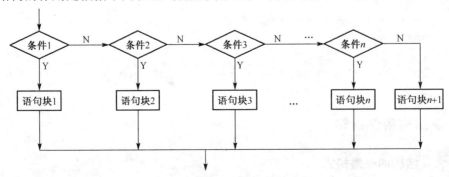

图 3-8 ElseIf 的块结构执行过程

在第 2 章介绍计算器的实现过程中,对运算符的判断采用的是多条单行形式的 If 语句,采用多分支的 ElseIf 结构同样可以实现相同的功能。

例 3.5　用多分支形式表达第 2 章中实现计算器运算功能时对运算符的判断。

分析:这里主要对算术运算符的判断进行描述,其余运算符的判断类似,下面是程序代码:

```
If key = "+" Then                           'key 是计算器中数字键的 Caption 值
    Text1.Text = a + Val(Text1.Text)        'a 指第一个运算对象,详见第 2 章
ElseIf key = "-" Then
    Text1.Text = a - Val(Text1.Text)
ElseIf key = "*" Then
    Text1.Text = a * Val(Text1.Text)
ElseIf key = "/" Then
    Text1.Text = a / Val(Text1.Text)
ElseIf key = "Mod" Then
    Text1.Text = a Mod Val(Text1.Text)
ElseIf key = "^" Then
    Text1.Text = a ^ Val(Text1.Text)
End If
```

例 3.6　输入一个百分制的学生成绩,将其转换成 A、B、C、D、E 5 个等级。

分析:输入一个学生成绩,成绩大于等于 90 分的为 A,成绩为 80~89 分的为 B,成绩为 70~79 分的为 C,成绩为 60~69 分的为 D,成绩小于 60 的为 E。用 ElseIf 结构表达如下:

```
Private Sub Command1_Click()
Dim score As single
  score=val(InputBox("输入一个成绩(0-100): "))
If score>=90 Then
  Print "A"
ElseIf score>=80 Then
  Print "B"
ElseIf score>=70 Then
  Print "C"
ElseIf score>=60 Then
  Print "D"
Else
  Print "E"
End If
End Sub
```

3．If 语句的嵌套

If 语句的嵌套是指 If 或 Else 后面的语句块中又包含 If 语句，语句格式如下：

```
If<表达式> Then
    If <表达式> Then
        ...
    End If
    ...
End If
```

例 3.7　用 If 语句的嵌套格式表达例 3.6 程序。

分析：可以先判断成绩是否大于 70，在大于等于 70 分数段内再判断是否大于等于 90 分，输出"A"，否则再判断是否大于 80，成立输出"B"，否则成绩一定为 70～79，此处可以用 If 嵌套格式表达；如果成绩大于 70 不成立，再判断是否大于等于 60，如果是，输出"D"，否则输出"E"。

```
Private Sub Command1_Click()
Dim score As Single
score = Val(InputBox("输入一个成绩(0-100)："))
If score >= 70 Then
  If score >= 90 Then
    Print "A"
  ElseIf score >= 80 Then
    Print "B"
  Else
    Print "C"
  End If                          'If 语句嵌套

ElseIf  score >= 60 Then    '此处为小于 70 分的情况
    Print "D"
Else
    Print "E"
End If
End Sub
```

此种结构的程序 VB 中还提供了一种语句可以实现，即情况语句 Selset Case，其作用是根据一个表达式的值，在一组相互独立的可选语句序列中选择要执行的语句。

3.2.3　Select Case 语句

格式如下：

```
Select Case  变量或表达式
        Case  表达式列表1
```

```
            语句块 1
        Case 表达式列表 2
            语句块 2
        ...
        [Case Else
            语句块 n+1]
    End Select
```

说明：

变量或表达式：可以是数值型或字符串表达式。

表达式列表：与 "变量或表达式" 的类型必须相同，可以是下面 4 种类型。

① 表达式。

② 一组枚举表达式(用逗号分隔)，如：

```
 Case 1，2，3
```

③ 表达式 1　To　表达式 2：

```
 Case "a" to "z"
```

④ Is 关系运算符表达式：

```
 Case Is<10
```

该语句是根据 "变量或表达式" 的结果与各 Case 子句中的值比较决定执行哪个语句块。如有多个语句块与测试值相匹配时，则只执行第一个与之匹配的语句块。

Select Case 语句的执行过程如图 3-9 所示。

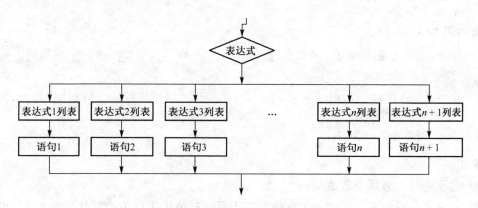

图 3-9　Select Case 执行过程

例 3.8　用 Select Case 完成例 3.6 的操作。

分析：可以使用表达式中第 3 种格式：表达式 1　To　表达式 2，表达如下：

```
Private Sub Command1_Click()
Dim Score As Single
Score=val(InputBox("输入一个成绩(1-100)："))
```

```
Select Case Score
  Case 90 to 100
      Print "A"
  Case 80 to 89
      Print "B"
  Case 70 to 79
      Print "C"
  Case 60 to 69
      Print "D"
  Case Else
      Print "E"
End Select
End Sub
```

运行效果与例 3.6、例 3.7 相同。

思考题：请用 Select Case 结构实现例 3.5 的功能。

3.3　循环结构

循环是在指定的条件下多次重复执行一组语句，有多种循环结构。

3.3.1　For 循环语句

格式如下：

```
For  循环变量=初值 To 终值[Step 步长]
        语句块
        [Exit For]
        语句块
    Next 循环变量
```

说明如下：

① 循环变量：必须为数值型。

② 步长：一般为正，初值小于终值；若为负，初值大于终值；默认步长为 1，步长不能为 0。

③ Exit For：表示当遇到该语句时，退出循环。

④ 终止循环的条件是"循环变量的值超过终值"而不是等于终值。

⑤ 循环次数=INT((循环终值－循环初值)/步长+1)。

For 循环执行流程如图 3-10 所示。

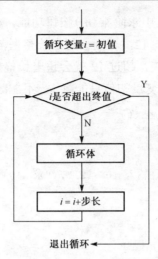

图 3-10　For 循环执行流程图

例 3.9　编程实现单击计算器中求和(Sum)按钮，求出 1 到任意正整数 n 之和，n 由文本框输入。

分析：此处需要用到循环求和，循环变量初值为 1，终值为 n，求出 1 到 n 之间的和。

```
Private Sub Cmd_sum_Click()
Dim i, n, sum As Long
    sum = 0
    n = Val(Text1.Text)
    For i = 1 To n
    sum = sum + i
    Next
    Text2.Text = sum
End Sub
```

运行结果如图 3-11 所示。

图 3-11　求和运行结果

例 3.10 实现计算器函数区中求阶乘(*n*!)按钮功能，*n* 由文本框输入，用输出文本框输出结果，注意 *n* 的值控制在 1～12，否则会超出长整型范围。

分析：这里注意 *n*! 增长很快，超过 12 就会超出长整型数的范围，程序会出错，另一个需要注意的地方是作为累乘的变量初值只能赋 1，不能赋 0。

```
Private Sub Cmd_n_Click()
Dim i, n, s As Long
   s = 1
   n = Val(InputBox("输入 n(1-12)", "求 n!"))
   For i = 1 To n
   s = s * i
   Next
   MsgBox s, 0, "n!"
End Sub
```

运行界面如图 3-12 和图 3-13 所示。

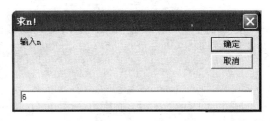

图 3-12　输入 *n*　　　　　　　　　　图 3-13　输出 *n*!

3.3.2　Do Loop 循环语句

Do 循环用于控制循环次数未知的循环结构。它有如下两个语法结构。

当型循环：

```
(A) Do While 条件                    (B) Do
        语句块                               语句块
    Loop                             Loop While 条件
```

求 1～100 之和运算实现如下：

```
(A) sum=0                            (B) sum=0 :k=1
     k=1                                 Do
    Do While k<=100                         sum=sum+ k
        sum=sum+k                           k=k+1
        k=k+1                           Loop While k<=100
    Loop
```

(A)和(B)两结构的区别是当第一次执行循环语句条件不成立时，(A)不执行循环体，而(B)要执行一次。

3.3.3　Do Until 循环语句

直到型循环结构如下：

(A) Do Until 条件　　　　　　　(B) Do
　　　　语句块　　　　　　　　　　　　语句块
　　Loop　　　　　　　　　　　　Loop Until 条件

上例程序改写如下：

(A) sum =0　　　　　　　　　(B) sum=0　k=1
　　k=1　　　　　　　　　　　　DO
　　Do Until k>100　　　　　　　sum=sum+ narray(k)
　　　　sum=sum+ k　　　　　　　k=k+1
　　　　k=k+1　　　　　　　　Loop Until k>100
　　Loop

(A)和(B)两结构的区别是当第一次执行循环语句条件成立时，(A)不执行循环体，而 (B)要执行一次。

图 3-14 是直到循环的执行过程。

例 3.11　分别用 Do Loop 和 Do Until 完成求 $n!$。

用 **Do Loop** 完成如下：

```
Private Sub Cmd_n_Click()
Dim i, n, s As Long
n = Val(InputBox("输入n", "n!"))
i = 1: s = 1
Do
 s = s * i
 i = i + 1
Loop While i <= n
 MsgBox s, 0, "n!"
End Sub
```

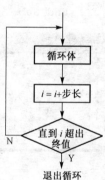

图 3-14　直到循环

用 **Do Until** 完成如下：

```
Private Sub Cmd_n_Click()
Dim i, n, s As Long
n = Val(InputBox("输入n", "n!"))
i = 1: s = 1
Do Until i > n
 s = s * i
 i = i + 1
Loop
 MsgBox s, 0, "n!"
End Sub
```

3.3.4 循环嵌套

循环体的语句块中可包含任何 VB 语句，当然也包括循环语句。也就是说，在一个循环结构的循环体内含有另一个循环结构，这就形成了嵌套循环，又叫多重循环。

例 3.12 在窗体上输出九九乘法表。

分析：从图 3-15 所示的九九乘法表中可以看出，循环嵌套中的第 1 重循环表示行的变化情况，第 2 重循环表示同一行中列的变化，输出完一行要注意换行。

```vb
Private Sub Command1_Click()
  Dim m%, n%
  For m = 1 To 9                  'm 表示行
    For n = 1 To m                'n 表示列，当 n 循环执行完成后，才执行 m 的下次循环
      Print m; "*"; n; "="; m * n,
    Next n
    Print                        '输出换行
  Next m
End Sub
```

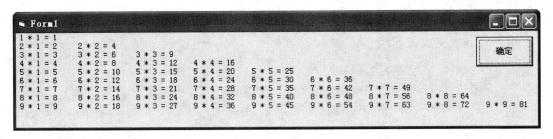

图 3-15　输出九九乘法表

循环可以嵌套，但不能出现循环交叉。

3.4 综合应用

例 3.13 在窗体上输出图 3-16 所示图形。

分析：该图形由一个上三角和一个下三角组成，一个三角形可以由二重循环完成，外循环控制输出的行数，内循环控制每行输出的个数。

程序如下：

```vb
Private Sub Form_click()
Dim ss As String
    ss = "★"
  FontSize = 16
  For i = 1 To 4                    '菱形上三角形为 4 行
    Form1.Print Spc(10 - i * 2); '输出空格，控制"★"起点位置
    For j = 1 To 2 * i - 1
```

```
      ★
     ★★★
    ★★★★★
   ★★★★★★★
    ★★★★★
     ★★★
      ★
```
图 3-16　菱形

```
        Print ss;
      Next j
      Print
   Next i
   For i = 3 To 1 Step -1   '菱形下三角形为 3 行
      Form1.Print Tab(10 - i * 2 + 1);
      For j = 1 To 2 * i - 1
        Print ss;
      Next j
   Next i
End Sub
```

运行结果如图 3-17 所示。

图 3-17　输出菱形

思考：如何输出任意奇数行的菱形？

说明：

① 本程序中用到两个系统函数 Spc( ) 和 Tab( )，这两个函数常和 Print 方法配合使用。

② Spc(*n*) 是指在当前位置处输出 *n* 个空格。

③ Tab(*n*)，可选的 *n* 参数是指将输出位置设定在离窗体左边界距离为 *n* 列的位置处。若省略此参数，则 Tab 将插入点移动到下一个打印区的起点。

例 3.14　判断正整数 *n* 是否是素数。

分析：

① 输入可以使用文本框也可以使用 InputBox( ) 完成。

② 素数的条件是除了 1 和自身之外，没有别的因子，可以判断 *n* 是否能被 2～*n*/2 或 2～*n* 的平方根之间的数整除，只要找到能被 *n* 整除的因子，则 *n* 不是素数，否则 *n* 是素数。

③ 对输入数 *n* 的范围进行判断，正确范围为大于等于 3 的正整数。

下面是使用 InputBox( )、MsgBox( ) 函数作为输入、输出的程序。

```
Private Sub Command5_Click()
Dim n, i As Integer
loop1: n = InputBox("输入 n", "判断素数")
    If n < 3 Then GoTo loop1    '当 n 小于 3 时，转回到输入框重新输入数据，直到
```

```
                                     '满足条件才往下执行。
For i = 2 To n / 2
If n Mod i = 0 Then MsgBox "不是素数", 0, "判断素数": Exit For
Next
If i > n / 2 Then MsgBox "是素数", 0, "判断素数"
End Sub
```

运行界面如图 3-18、图 3-19 所示。

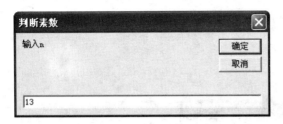

图 3-18　输入素数

图 3-19　判断素数

思考题：

① 在图 3-1 所示的计算器界面上输入和输出，实现判断素数程序。

② 用增加标志方法判断素数，即设标志变量 f 初值 $= 0$，当判断到 n 能被 $2\sim n/2$ 整除时，置 $f = 1$，循环结束后，根据 f 的值判断 n 是否是素数。

③ 求出 n 以内的全部素数，n 为任意输入的数据。

习题 3

一、选择题

1. 若要退出 For 循环，可使用的语句为（　　）。

   A. Exit　　　　　B. Exit Do　　　　C. Time　　　　　D. Exit For

2. 假定有以下程序段，则语句 Print i*j 的执行次数是（　　）。

   ```
   For i=1 to 3
     For j=5 to 1 Step -1
        Print i*j
   Next j,i
   ```

   A. 15　　　　　B. 16　　　　　C. 17　　　　　D. 18

3. 针对语句 If i=1 Then j=1，下列说法正确的是（　　）。

   A. i=1 和 j=1 均为赋值语句　　　　　　B. 均为关系表达式

   C. i=1 为关系表达式，j=1 赋值语句　　D. i=1 为赋值语句，j=1 为关系表达式

4. 执行以下语句后，a 的值是（　　）。

   ```
   Dim a As Integer
   ```

```
   a = 1
   Do Until a = 100
     a = a + 2
   Loop
```

  A. 99　　　　　　B. 100　　　　　　C. 溢出　　　　　　D. 101

5. 在过程中有语句 For I=N1 To N2 Step N3，在该循环体内有下列 4 条语句，其中(　　)会影响循环执行次数。

  ①N1=N1+1　②N2=N2+N3　③I=I+N3　④N3=2*N3

  A. ①②　　　　　B. ①②③　　　　　C. ③　　　　　　D. ①②③④

6. 下列程序运行后的结果是(　　)。

```
   Private sub Command_Click()
     For i=1 To 4
       X=4
         For j=1 To 3
           X=3
             For k=1 To 2
               X=X+6
             Next k,j,i
       Print X
   End Sub
```

  A. 7　　　　　　B. 15　　　　　　C. 157　　　　　　D. 538

7. For Next 循环体执行 1 次是(　　)。

  A. 初值大于终值，且步长大于 0　　　　　B. 初值小于终值，且步长小于 0

  C. 初值等于终值，且步长大于 0　　　　　D. 初值小于终值，且步长小于终值与初值之差

8. 下列程序段的执行结果为(　　)。

```
   a=75
   If a>60 Then I=1
   If a>70 Then I=2
   If a>80 Then I=3
   If a<90 Then I=4
   Print "I=";I
```

  A. I=1　　　　　B. I=2　　　　　C. I=3　　　　　D. I=4

9. 有如下过程，程序运行后，依次输入数值 30、20、10、1，输出结果为(　　)。

```
   Private Sub Command1_Click()
     b=10
     DoUntilb=－1
       a=InputBox("请输入 a 的值")
       a=Val(A)
       b=InputBox("请输入 b 的值")
       b=Val(b)
       a=ab
     Loop
```

```
      Print a
   End Sub
```

  A. 6000   B. 10   C. 200   D. 6000

10. 执行下面的程序段后，x 的值为（   ）。

```
   x=5
   For I=1 To 20 Step 2
     x=x+I\5
   Next I
```

  A. 21   B. 22   C. 23   D. 24

二、填空题

1. 分析下列语句，给出执行结果

```
   Private Sub Form_Click()
      Const pi As Single = 3.14
      a% = 7
      If a Mod 4 > pi Then
        Print "努力"
      Else
        Print "学习"
      End If
   End Sub
```

执行结果为_____，其判决条件的值为_____。

2. 有如下程序，若你的工资为 2988 元，则该程序的输出结果为_____。

```
   Private Sub Form_Click()
     Dim x As Currency, y As Currency
     x = Val(InputBox("输入你的工资数目", "交税计算窗口", 1000))
     If x <= 1000 Then
       y = 0
     ElseIf x <= 2000 Then
       y = x * 0.1
       Print "你应该缴纳" & y & "元税金"
     ElseIf x <= 3000 Then
       y = x * 0.2
       Print "你应该缴纳" & y & "元税金"
     Else
       y = x * 0.3
       Print "你应该缴纳" & y & "元税金"
     End If
   End Sub
```

3. 阅读程序，执行结果为_____。

```
   Private Sub Form_Click()
     Dim a As Integer, b As Integer
     a = 1: b = 0
     Do
```

```
    b = b + a * a
    a = a + 1
  Loop While a <0
  Print a, b
End Sub
```

4. 有如下程序，该程序的执行结果是_____。

```
Private Sub Form_Click()
  Dim i As Integer, sh As String, ch As String
  ch = "abc"
  For i = 1 To Len(ch)
    sh = sh & Mid(ch, i, 1)
    i = i + 1
    Print sh
  Next i
End Sub
```

5. 有如下程序，该程序的执行结果是_____。

```
Private Sub Form_Click()
  Dim i As Integer, p As Integer, n As Integer
  p = 3: n = 20
  For i = 1 To n Step p
    p = p + 2
    n = n - 3
    i = i + 2
    If p >= 10 Then Exit For
  Next i
  Print i, p, n
End Sub
```

6. 执行下面程序，单击窗体后在窗体上显示结果是_____。

```
Private Sub Form_Click()
  Dim str1 As String, str2 As String, i As Integer
  str1 = "ab"
  For i = Len(str1) To 1 Step -1
    str1 = str1 & Chr(Asc(Mid(str1, i, 1)) + i)
  Next i
  Print str1
End Sub
```

7. 下面程序的功能是从键盘输入若干个学生的考试成绩，统计并输出最高分和最低分，当输入负数时结束输入，输出结果。将程序段补充完整。

```
Dimx, amax, aminAsSingle
x=InputBox("Enterascore")
amax=x
amin=x
Do While _____
  If x>amax Then
```

```
          amax=x
      EndIf
      If_____ Then
          amin=x
      EndIf
      x=InputBox("enterascore")
  Loop
  Print "max=";amax, "min=";amin
```

8. 下面程序的输出结果为_____。

```
num=2
While num<=3
    num=num 1
    Print num
Wend
```

9. 下面程序的作用是用 InputBox 函数输入一个整数，然后判断能否同时被 2、5 和 7 整除，如果能则输出该数及平方值。将程序段补充完整。

```
Private Sub Command1_Click()
  Dim numX As Integer
  numX=Val(InputBox("请输入一个整数"))
  If _____Then
    Form1.Print _____
  End If
End Sub
```

10. 下面程序是计算 Sn 的值。Sn=a+aa+aaa+…+aaa…a，其中最后一项为 n 个 a。例如，若 $a=5$，$n=4$，则 Sn=5+55+555+5555。在空白处填入适当的内容，将程序补充完整。

```
Private Sub Command1_Click()
    Dim a As Integer, n As Integer, Cout As Integer
    Dim Sn As Long, Tn As Long
    Cout=1
    Sn=0
    Tn=0
    a=InputBox("请输入 a 的值：")
    _____
    Do
      Tn=Tn * 10 + a
      Sn=Sn + Tn
      Cout=Cout + 1
    _____
    Print a, n, Sn
End Sub
```

三、程序设计

1．输入三角形的三条边 a、b、c 的值，根据其数值，判断能否构成三角形。若能，还要显示三角形的性质：等边三角形、等腰三角形、直角三角形、任意三角形。

2．输入年份，判断它是否为闰年，并显示有关信息。判断闰年的条件是：年份能被 4 整除但不能被 100 整除，或者能被 400 整除。

3．求一个不超过 5 位的十进制整数各位数值的和（例如，输入 2634，输出 15）。

4．编写程序，求出 100 之内的所有勾股数（勾股数满足关系：$a×a+b×b=c×c$，a、b、c 为自然数，且 $a≠b$）。

第4章 数组

前面章节学习了数值型、字符型、逻辑型等简单数据类型，可以处理数据量少的简单问题，要处理相同性质的批量数据，VB 中提供了数组类型来存储及操作。因此本章围绕数组的概念、基本操作和应用展开。

4.1 数组的概念及声明

4.1.1 数组的概念

第 3 章图 3-1 所示多功能计算器函数区有一个求平均值的命令按钮，要实现求平均值可以借助循环输入数据到同一个变量中，在输入过程实现累加求和，加完后再求平均值。

例 4.1 假设循环输入 10 个学生成绩，在输入过程中实现求和，循环结束后除以 10 得到平均分，输入、输出这里通过输入、输出框完成，也可以通过文本框实现。

```
Private Sub Command5_Click()
Dim score, ave, sum As Single
Dim i As Integer
  sum = 0                                '求和变量赋初值 0
For i = 1 To 10
  score = InputBox("输入分数", "ave")
  sum = sum + score
Next
  ave = sum / 10
MsgBox ave, 1, "ave"
End Sub
```

在单击命令按钮 Command5 时，输入 10 个学生分数，然后求平均分，以上代码可以完成，但如果需要输出比平均高的分数时则无法实现，因为每个分数在输入过程中并没有得到有效存储，每个分数的输入都覆盖了前一个分数，如果需要在求出平均分数以后还能找到每个输入的分数，就必须将每个分数保存起来，这需要使用数组才能解决问题。

数组是指一组相同类型数据的集合，数组元素通过数组下标区分，数组分定长数组和动态数组，遵循先定义后使用原则，根据下标个数分为一维和多维数组。

多功能计算器函数区中的求和(Sum)、求最大值(Max)、排序(Sort)等功能的实现都需要用数组来实现。

4.1.2 数组的声明

1. 定长数组

定长数组是指在定义时确定数组大小，在程序运行过程中数组大小不允许改变。定长数组根据维数不同可分为一维数组和多维数组。

（1）一维数组

数组应先声明再使用，声明数组就是让系统在内存中为数组分配一个连续的存储空间，用来存储数组元素，声明时应包含数组名、类型名、维数、数组大小等内容。一般情况下，数组中各元素类型必须相同，但若数组为变体类型时，可包含不同类型的数据。

一维数组的声明格式为：

```
Dim 数组名([下界 TO]上界) [As 类型名]
```

说明：

① 数组名的命名与简单变量相同，可以是任意合法的标志符。

② 所谓下界和上界，就是数组下标的最小值和最大值，数组的下界和类型名是可选的，默认下界为 0。

③ 如果定义数组时不指定其类型，默认是变体型的。

④ 下标个数决定数组的维数，每一维的大小=上界－下界+1。

⑤ 在定义定长数组时，其上界和下界必须是常数或常量表达式，不可以为表达式或变量。下标下界最小为–32768，上界最大为 32767。

例 4.2　求例 4.1 中大于平均分的成绩。

分析：可以先定义一个一维数组，存放 10 个分数，求平均分，再用每个分数与平均分比较，求出大于平均分的成绩。

```
Private Sub Command5_Click()
Dim score(10), ave, sum As Single
Dim i As Integer
  sum = 0
For i = 1 To 10
  score(i) = Val(InputBox("输入分数", "ave"))
  sum = sum + score(i)                          '一维数组 score ()引用
Next
  ave = sum / 10
  MsgBox ave, 1, "ave"        '输出平均分
For i = 1 To 10
  If score(i) > ave Then Print score(i),        '输出大于平均分的分数
Next
End Sub
```

计算器模块中，有数组定义如下：

```
Dim narray(100) As Single
```

该数组下标上界不能超过 100，下界默认从 0 开始使用，可以使用 narray(0)、narray(1)、…、narray(100) 共 101 个元素，案例中该数组的定义放在标准模块中，每个事件过程中都可以使用。数组的默认下界也可以通过 Option Base n 语句重新设置，如 Option Base 1，设置默认下界为 1。

也可以指定上下界，如 `Dim b (5 to 9) As String` 定义了一个具有 5 个元素的字符型数组，其下标从 5 到 9。

(2) 多维数组

数组可以是一维的，也可以是多维的。表示平面中的一个点坐标时，需要用到二维数组；表示空间中的一个点，需要用到三维数组。

多维数组声明格式：

```
Dim 数组名(下标1，下标2，下标3，……)[As 类型]
```

多维数组的定义格式与一维数组基本一致，只是多加几个下标。

例如，有如下数组定义：

① `Dim narray(100) As Single` 一维数组定义；

② `Dim a (1 To 3, 1 To 4) As Integer` 二维数组定义；

③ `Dim b (1, 4, 2)` 三维数组定义。

这三行语句分别定义了一个一维、二维和三维数组，① 指定了上界及类型，下界默认从 0 开始；② 指定了上下界及类型，定义了 3 行 4 列数组；③ 下界和类型都没有指定，下界默认从 0 开始使用，其类型是变体型的，相当于定义了 2 页，每页中有 5 行 3 列元素，如图 4-1 所示：

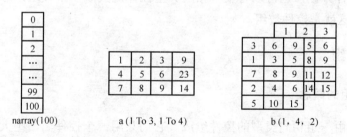

图 4-1　一维、二维和三维数组图示

2. 动态数组

当数组元素个数暂时还不能确定时，也可定义动态数组。

如先定义：

```
Dim narray( ) As Single
```

到能确定数组元素个数时再用 ReDim 语句定义，如果确定元素个数为 101 时，定义如下：

```
ReDim narray(100)
```

注意：

① 当动态数组的类型不是 Variant 时，不能用 Redim 改变动态数组的数据类型。如是变体，则可改变。

② 可多次使用 Redim 来改变数组的大小和维数，但每次使用都会使原数组的值丢失，可在 Redim 语句后加 Preserve 参数来保留数组中的数据，但只改变最后一维的大小，前面几维的大小不变。

例 4.3 编程实现图 3-1 计算器函数区中求最大值(Max)功能。

分析：因为题中没给出求多少个数的最大值，所以数组大小不能确定，只能定义为动态数组，等用户输入数组元素个数以后再重新定义。实现如下：

```
Private Sub Command1_Click()
Dim num(), n, i, max As Integer
  n = Val(InputBox("输入 n", "数组大小"))
  ReDim num(n)
  max = Val(InputBox("输入数据", "max"))
For i = 2 To n
  num(i) = Val(InputBox("输入数据", "输入"))
  If num(i) > max Then max = num(i)
Next
  MsgBox max, 1, "max"
End Sub
```

思考：如何使用文本框和窗体进行输出。

以上所有代码都是写在某命令按钮的单击事件过程中，每个命令按钮对应一个不同名称，有时为了控件方便，也可以将多个相同类型控件定义成一个数组，每个控件通过索引值 Index 区分，这就是控件数组。

4.1.3 控件数组

1. 控件数组的概念

控件数组是由一组相同类型的控件组成，它们共用一个控件名，绝大部分的属性也相同，但有一个属性不同，即 Index 属性的值不同。当建立控件数组时，系统给每个元素赋一个唯一的索引号(Index)，通过属性窗口的 Index 属性，可以知道该控件的下标是多少，第 1 个元素下标是 0。

控件数组最大的特点是：控件数组共享同样的事件过程。所以适用于若干个控件执行的操作相似的场合，如果同一个控件数组由多个命令按钮组成，不管单击哪个命令按钮都会调用同一个单击事件过程。为了区分是控件数组中的哪个元素触发了事件，在程序运行时，通过传送给过程的索引值(即下标值 Index)来确定。

一个控件数组至少包含一个元素，最多可达 32768 个。

2. 控件数组的建立

建立的步骤如下：

① 窗体上画出某控件，可进行控件名的属性设置，这是建立的第一个元素。

② 选中该控件，进行"复制"和"粘贴"操作，系统会提示(假设先画了一个 Command3 命令按钮)"已经有一个控件为'Command3'。创建一个控件数组吗？"如图 4-2 所示。

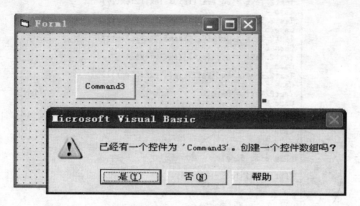

图 4-2　创建控件数组过程

单击"是"按钮后，就建立了一个控件数组元素，进行若干次"粘贴"操作，就建立了所需个数的控件数组元素。

③ 进行事件过程的编程。

单击"是"按钮之后，再修改控件属性，重复上述过程，如图 4-3 所示，直到满足要求为止。

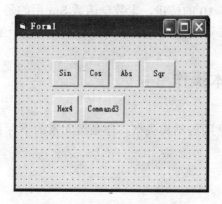

图 4-3　复制控件并修改属性

计算器界面中的数字区、运算符区和函数区中的命令按钮分别是用控件数组 Command1、Command2 和 Command3 来实现的，如第 3 章图 3-1 函数区中每个命令按钮名称都为 Command3，每个不同按钮通过 Index 值区分，如 Sum 按钮，其属性 Index 值为 10，即其下标值为 10，代码中通过判断 Index 值执行各自功能。

用控件数组实现求和运算，如图 4-4 所示。

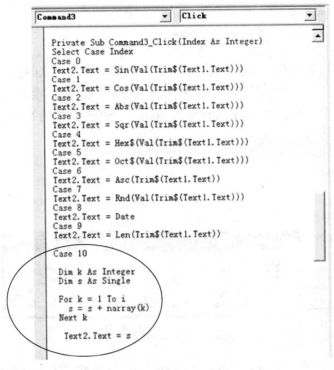

图 4-4　控件数组编程

说明：

① 图 4-4 中 `Private Sub Command3_Click(Index As Integer)`，Command3 是控件数组名，后面括号中的 Index 表示控件数组的索引值，用于区分与同一控件数组中的不同元素。如求和运算是 Index=10 的按钮，求数学函数 Sin 用的是 Index=0 的按钮。

② 图 4-4 中圆圈内代码，Case 10 表示判断 Index 值等于 10 时，执行其后面的代码。

4.2　数组元素的基本操作

数组是程序设计中最常用的结构类型，将数组元素的下标和循环语句结合使用，可解决大量的问题。

1. 数组赋值函数

系统提供了赋值函数 Array 为数组赋初值，格式如下：

变量名=Array(常量列表)

其中，变量名必须声明为变体类型，并作为数组使用，常量列表以分号隔开，下界、上界通过 Lbound 和 Ubound 函数计算获得。

如：

```
Dim s,i%
s=Array(1,3,5,7,9,11)
```

```
For i = Lbound(s) To Ubound(s)
  Print s(i)         '输出数组元素
Next
```

2. 数组的输入

```
Private Sub Form_Click()
Dim sb(3, 4) As Single
For i = 0 To 3              '通过二重循环输入二维数组元素
  For j = 0 To 4
    sb(i, j) = InputBox("输入" & i & "," & j & "的值")
  Next j
Next i
End Sub
```

3. 数组的输出

输出 5×5 方阵中的下三角元素：

```
For i=0 To 4
  For j=0  To i
     sc(i,j)=i*5+j
print tab(j*5);sc(i,j);
  Next j
  Print
Next i
```

4. 求数组中最大元素及其下标

```
Dim max As Integer, imax As Integer, i As Integer
Dim ia()
ia = Array(20, 5, 78, 10, 5, 2, 8)
max = ia(LBound(ia)): imax = LBound(ia)
For i = LBound(ia) + 1 To UBound(ia)
  If ia(i) > max Then
    max = ia(i)
    imax = i
  End If
Next i
Print max, imax
```

5. 将数组中元素逆序存放

所谓逆序存放即将数组中的第一个元素与最后一个元素交换，第二个元素与倒数第二个交换，依次类推。

```
For i=1 To 10\2              '假设数组元素个数为 10，下界从 1 开始
  t=ia(i)
```

```
    ia(i)=ia(10-i+1)
    ia(10-i+1)=t
  Next i
```

4.3 自定义类型

1. 自定义类型格式

```
[Private | Public] Type 数据类型名
    数据元素名[(下标)] As 类型    '下标的意义与数组的下标相同
  ...
End Type
```

一般情况下，自定义类型应在标准模块中定义；若在窗体模块中定义，则必须在 Type 关键字前面加上 Private。

2. 自定义类型变量声明

```
Dim 变量名 As 数据类型名                    '用自定义类型声明变量
数据类型名.数据元素名[(下标)]= 赋值         '自定义类型变量引用
Dim 变量名(下标)As 数据类型名               '用自定义类型声明数组
```

例 4.4 定义学生信息和数组变量。

```
Private Type stu
  name As string
  sex  As string
  score  As Integer
End Type

Private Sub Command1_Click()
Dim Zhangsan As stu
  Zhangsan.name = "张三"
  Zhangsan.sex = "男"
  Zhangsan.score = 569
End Sub
```

4.4 综合应用

例 4.5 从计算器界面的输入文本框中一次性输入若干个数据，数据之间以空格分开，按回车键结束，编写程序完成将输入在文本框中的多个数据存放到数组 narray()中，假设数组在模块中已经定义。

分析：输入在文本框中的数据全部是字符类型的，每个数据以空格分开，需要用到从字符串中取子串函数 Mid$(str, i, j)，这里表示从字符串 str 中的第 i 个位置开始连续取出 j 个字符。

编程思想如下。

当在文本框 Text1 中按下键盘上任意字符，执行 Text1_KeyPress 子程序，首先定义局部变量并赋初值，再判断按键字符的 ASCII 值是否等于 13，即回车键的 ASCII，等于 13 说明按键输入数据结束，否则退出子程序。如果按键等于 13，将 Text1 中的文本逐个取出判断是否为空格(默认输入数据时以空格作为分隔符)，取出前一个数据之后到本空格之间的字符作为一个新数据，将此识别出的数据赋值给数组元素保存下来，重复上述过程，直到全部字符判断完成为止。数据保存下来之后，可以用于完成计算器函数区中多个功能，如求和(Sum)、求最大值(Max)、求最小值(Min)、排序(Sort)、求平均值(Ave)等。

识别文本框中数据的流程如图 4-5 所示。

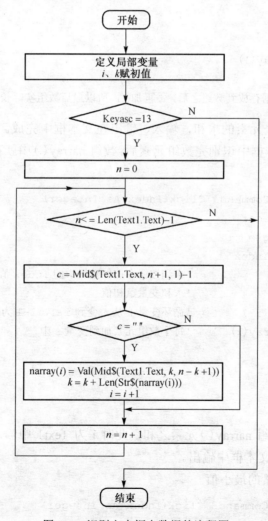

图 4-5　识别文本框中数据的流程图

以下为图 4-5 的程序代码:

```
Private Sub Text1_KeyPress(Keyasc As Integer)
Dim c As String
Dim n As Integer, k As Integer
  i = 1
  k = 1
If  Keyasc = 13 Then
For n = 0 To Len(Text1.Text) - 1
c = Mid$(Text1.Text, n + 1, 1)
  If c = " " Then
narray(i) = Val(Mid$(Text1.Text, k, n - k + 1))      '给数组赋值
  k = k + Len(Str$(narray(i)))
  i = i + 1                                           'i-1 为数组实际长度
End If
Next n
End If
first = narray(1)
End Sub
```

因为每次识别一个数据存放到数组之后，i 再加 1，所以最后数组实际长度 i-1。

例 4.6　实现任意个元素的求和，输入、输出在文本框中完成。

分析：在上题从文本框中识别完数组元素后，数组 narray( )中就存有数据了，求和(Sum)功能代码如下：

```
Private Sub Command3_Click(Index As Integer)
Dim k As Integer
Dim s As Single
Select Case Index
Case 10                  '求和按钮在控件数组中的 Index 值为 10
s = 0                    '求和变量赋初值
For k = 1 To i-1         '循环变量 k 从 1 变到 i-1,i-1 为数组元素个数
 s = s + narray(k)       '每个数组元素加到变量 s 中
 Next k
Text2.Text=s
End Select
End Sub
```

通过一重循环求数组 narray( )元素之和，此时 i 为 Text1 中输入数据的个数，求出的和放在变量 s 中，并在文本框中输出。

例 4.7　求数组元素的最小值。

```
Private Sub Command3_Click(Index As Integer)
Select Case Index
Case 13                  'Min 命令按钮在控件数组中的索引值 Index 为 13
```

```
Dim k As Integer        '定义循环变量
Dim m As Single         '定义存放最小值变量
m = narray(1)           '假设第一个数组元素即为最小值
For k = 2 To i-1        '循环变量从 2 变到 i，i 为数组元素实际个数，让 m 与每个元素做比
                        '较，发现后面数据有比 m 更小的值，则赋值给 m
 If narray(k)<m Then m = narray(k)
 Next k
 Text2.Text = m         '将找到的最小值放在 Text2 中显示
End Select
End Sub
```

例 4.8　数组元素排序。

排序即将无序的数组元素变成有序，可以按递增顺序也可以按递减顺序，排序算法很多，这里介绍最常见的冒泡排序和选择排序。

(1) 冒泡排序

分析：如果有 n 个数，则要进行 n−1 趟比较。在第 1 趟比较中要进行 n−1 次两两比较，在第 j 趟比较中要进行 n−j 次两两比较，在比较过程中发现相邻元素顺序与目标顺序不对，则进行交换。

如上述案例中求和的 5 个数据，如果需要实现排序，第一趟过程如下：

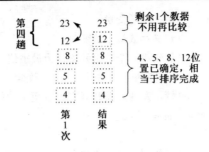

5 个元素的排序，总共进行了 4 趟比较，每一趟中相邻元素之间的比较次数与趟数相关，第 1 趟中进行了 4 次比较，第 2 趟中进行了 3 次比较，第 3 趟中进行了 2 次比较，第 4 趟中进行了 1 次比较，由此验证了前面所讲，在第 j 趟比较中要进行 n-j 次两两比较。冒泡排序代码如下：

```
Private Sub Command3_Click(Index As Integer)
Select Case Index
Case 14
  Dim k As Integer, j As Integer
Dim m As Single

For k = 1 To i - 2      '总元素个数为 i-1 个，所以总比较趟数为 i-1-1，即 i-2
For j = 1 To i - k - 1       '循环次数为每趟相邻元素的比较次数
 If narray(j) < narray(j + 1) Then       '相邻元素顺序不对时进行交换
  m = narray(j)
  narray(j) = narray(j + 1)                '两元素实现交换
  narray(j + 1) = m
 End If
   Next j
 Next k

 For k = 1 To i - 1
 Text2.Text = Text2.Text + " " + Str$(narray(k))   '将排好序的数组元素依次
                                              '连接并在 text2 中显示

 Next k
 End Select
End Sub
```

冒泡排序是通过比较每对相邻元素之间顺序，如果其排列顺序与最后需要的结果顺序不一致则两元素进行交换，否则进行下一对元素比较。

(2) 选择排序

选择排序基本思想：首先在所有的记录中选出键值最小(大)的元素，记录其下标值，把它与第一个元素交换；然后在其余的元素中再选出键值最小(大)的元素与第二个交换；依次类推，直至所有记录排序完成。在第 *k* 趟中，通过 *n-k* 次键值比较选出所需记录。

如冒泡排序时的 5 个元素，用选择法先将 5 个数中最小的数与 narray(1)进行交换，再将 narray(2)到 narray(5)中最小的数与 narray(2)进行交换……每比较一趟,找出一个未经排序的数中最小(大)的一个,共比较 4 趟。具体过程如下:

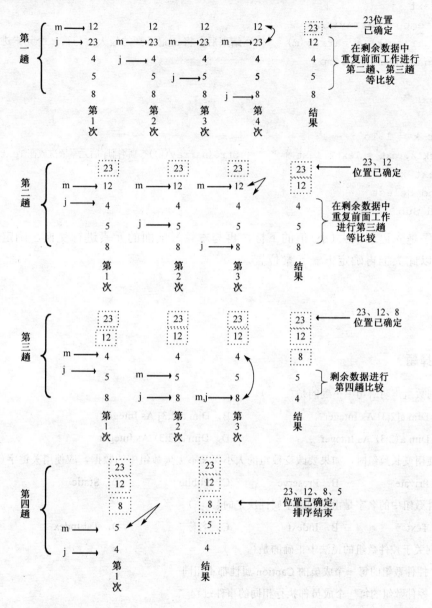

选择排序代码如下:

```
Private Sub Command3_Click(Index As Integer)
Select Case Index
Case 14
 Dim k As Integer, j As Integer, m s Integer
Dim temp As Single


For k = 1 To i - 2
m = k                                    '第 k 趟 m 指向未排序的第 1 个数据
```

```
     For j = k + 1 To i - 1                'j从k之后到最后依次寻找更大的值
      If narray(j) >narray(m) Then m = j    '发现更大值时，用m记录其下标值
       Next  j
       temp = narray(k)
       narray(k) = narray(m)   '循环结束后，将m记录到的最大值与第k个元素进行交换
       narray(m) = temp

      Next k

     For k = 1 To i - 1
     Text2.Text = Text2.Text + " " + Str$(narray(k)) '将排序后元素依次放在Text2中显示
     Next k
     End Select
    End Sub
```

选择排序是先记录最大(小)值的下标，再与本轮最前面的元素进行交换，确定一个元素的位置，以此类推再确定下一元素位置。

习题 4

一、选择题

1. 下列数组声明语句中正确的是(   )。

   A. Dim a[2;3] As Integer   B. Dim a[2,3] As Integer

   C. Dim a(2;3) As Integer   D. Dim a(2,3) As Integer

2. 在使用变长数组时，如果要改变数组的大小而又不丢失数组中的数据，应使用关键字(   )。

   A. Private   B. Preserve   C. Public   D. Static

3. 控件数组中的名字是由下列哪个属性决定的(   )。

   A. Text   B. Indext   C. 名称   D. TabIndex

4. 下列关于控件数组的说法中正确的是(   )。

   A. 控件数组的每一个成员的 Caption 属性都不相同

   B. 控件数组的每一个成员都执行相同的事件过程

   C. 控件数组的每一个成员的 Index 属性都相同

   D. 对于已经建立的多个相同类型的控件不能组成控件数组

5. 语句 Dim arr(3 To ,2 To 6) As Integer 定义的数组元素有(   )。

   A. 45 个   B. 40 个   C. 11 个   D. 54 个

6. 执行以下 Command 的 Click 事件过程后，在窗体上显示(   )。

```
Oprion Base()
Private Sub Command1_Click()
Dim a
```

```
a = Array("a","b","c","d","e","f","g")
Print a(1);a(3);a(5)
End Sub
```

 A. abc   B. bdf   C. ace   D. 出错

7. 语句 Dim a&(1 To 20)，b#(2,-1 To 1)定义两个数组，其类型分别为（ ）。

 A. 一维单精度实型数组和二双精度型数组 B. 一维整型数组和二维单精度实型数组

 C. 一维单精度实型数组和二维整型数组 D. 一维长整型数组和二维双精度型数组

8. 在窗体上画一个名称为 Text1 的文本框和一个名称为 Command1 的命令按钮，然后编写如下事件过程，程序运行后，单击命令按钮，在文本框中显示的值（ ）。

```
Privat Sub Command1_Click()
    Dim array1(10,10) As Integer
    Dim i,j As Integer
    For i = 1 To 3
        For j = 2 To 4
            array1(i,j) = i + j
        Next j
    Next i
    Text1.Text=array1(2,3)+array1(3,4)
End Sub
```

 A. 12   B. 13   C. 14   D. 15

9. 以下关于数组的说法，不正确的是（ ）。

 A. 数组是一种特殊的数据类型   B. 一个数组中可存放多种类型的数组

 C. 数组是一组相同类型的变量的集合 D. 运行时可改变动态数组或静态数组的大小

10. 以下关于数组的说法，错误的是（ ）。

 A. 静态数组在声明时大小必须固定 B. 动态数组在声明时大小可以不确定

 C. 默认情况下数组的下界为 0   D. 运行时可改变动态数组或静态数组的大小

11. 假设定义了一个数组 arr(1 To 5，1 To 10)，则 UBound(arr，2)的值是（ ）。

 A. 1   B. 5   C. 10   D. 15

12. 下面程序运行后，单击按钮在窗体上显示的是（ ）。

```
Option Base 0
Private Sub Command1_Click()
Dim x
Dim i As Integer
x = Array(1, 3, 5, 7, 9, 11, 13, 15)
For i = 1 To 3
Print x(5 - i);
Next i
End Sub
```

 A. 5 3 1   B. 7 5 3   C. 9 7 5   D. 11 9 7

13. 下面程序运行后输出的结果是（ ）。

```
Option Base 1
Private Sub Command1_Click()
    Dim x(10)
    Dim i As Integer
    For i = 1 To 10
    x(i) = 10 - i + i Mod 2
    Next i
    For i = 10 To 1 Step -2
    Print x(i);
    Next i
End Sub
```

    A. 0 2 4 6 8   B. 9 7 5 3 1

    C. 8 6 4 2 0   D. 1 3 5 7 9

14. 在运行下面的程序时会显示出错信息，出错的原因是（   ）。

```
Private Sub Command1_Click()
    x = 5
    Dim a(x)
    For m = 0 To 5
    a(m) = m + 1
    Next i
End Sub
```

    A. 第四行数组元素 $a(m)$ 下标超过上界   B. 第二行数组定义语句不能用变量来定义下标

    C. 第四行不能用循环变量 m 进行运算   D. 程序无错，可能是计算机病毒

15. 下面说法正确的是（   ）。

    A. ReDim 语句只能更改数组下标上界   B. ReDim 语句只能更改数组下标下界

    C. ReDim 语句不能更改数组维数   D. ReDim 语句可以更改数组维数

16. 下列程序运行后的输出结果是（   ）。

```
Private Sub Command1_Click()
    Dim a(10)
    Dim i As Integer
    For i = 1 To 10
        a(i) = i ^ 2
    Next i
    Print a(i - 1)
End Sub
```

    A. 98   B. 99   C. 100   D. 101

二、填空题

1. VB 的数组常见有三种类型：定长数组、变长数组和_____。

2. 在窗体上画一个命令按钮，其 Name 属性为 Command1，然后编写如下代码：

```
Option Base 1
Private Sub Command1_Click()
```

```
        Dim a(4,4)
        For i = 1 To 4
            For j = 1 To 4
                a(i,j)=(i-1)*3+j
            Next j
        Next i
            For i = 3 To 4
              For j = 3 To 4
                  Print a(j,i);
              Next j
                Print
            Next i
        End Sub
```

程序运行后，单击此命令按钮，其输出结果为_____。

3. 下面程序的输出结果是_____。

```
    Dim a
    a = Array(1,2,3,4,5,6,7,8)
    i = 0
    For k = 100 To 90 Step -2
        s = a(i)^2
        If a(i) > 3 Then Exit For
        i = i + 1
    Next k
    Print k;a(i);s
```

4. 下面程序的输出结果为_____。

```
    Const n = -5 : Const M = 6
    Dim a(n To M)
    For i = LBound(a,1) To UBound(a,1)
        a(i) = i
    Next i
    Print a(LBound(a,1);a(UBound(a,1))
```

5. 下面程序段的执行结果为_____。

```
    Dim A(10), B(5)
    For i = 1 To 10
        A(i) = i
    Next i
    For j = 1 To 5
        B(j) = j * 20
    Next j
    A(5) = B(2)
    Print "A(5)=";A(5)
```

三、程序设计

1．编写一程序，将 1～10 顺序赋给一个整型数组，然后从第一个元素开始间隔地输出该数组。

2．利用随机数生成两个 4×4 矩阵 A、B（矩阵 A 的每个数为 1～9 之间数，矩阵 B 的每个数为 10～20 之间数）。将两个矩阵相乘，结果放入矩阵 C 中，统计矩阵 C 中最大值及其下标和最小值及其下标，求矩阵 A 两条对角线元素的平均值。

3．编写程序，将数组 a 中的相同数据只保留一个，然后输出 2。

4．有一个 6×8 矩阵，请编写程序将其转置（即行变为列，列变为行）。

5．编写程序将两个按升序（即从小到大）排列的数列 $A(1)$、$A(2)$、…、$A(m)$ 和 $B(1)$、$B(2)$、…、$B(n)$，合并成一个仍为升序排列的新数列。

6．有 n 个人围成一圈，顺序排号。从第一个人开始报数（从 1 到 3 报数），凡报到 3 的退出圈子，编写程序求退出顺序。

7．编写程序，判断一字符串是否是回文（例如，abcdedcba 是回文，而 abcdedfa 不是回文）。

8．设某数组有 10 个元素，元素的值由键盘输入，要求将前 5 个元素的值与后 5 个元素的值互换，即第 1 个与第 10 个互换，第 2 个与第 9 个互换，依次类推。最后输出数组各元素原来的值和交换后各元素的值。

第 5 章 过程

本章围绕多功能计算器函数区中功能的设计与实现，介绍 VB 中过程和函数的定义、分类、函数的调用、参数的传递、函数和过程的区别及应用。

前两章介绍了 VB 中三种程序的基本控制结构，数组的定义、使用和简单的求和、排序等算法实现，上面算法是将代码放在命令按钮的单击事件中实现的，VB 中还提供了另外两种执行代码的方式，就是子过程和函数过程。函数过程分内部函数和用户自定义函数，先看图 5-1 中综合案例计算器中的应用。

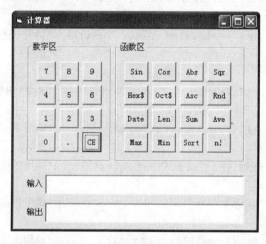

图 5-1　计算器的数字和函数区

本案例的函数区中 Sin、Cos、Abs、Sqr 等属于内部函数，由系统提供给用户调用，求和（Sum）、排序（Sort）、求最大值（Max）等是用户自定义函数和过程，由用户编写代码实现其功能。如 Sum 功能实现在第 4 章，其代码是放在 Command3_Click() 事件过程中，Command3 为计算器函数区的数组控件名称，参阅第 4 章的图 4-4，本章将通过定义函数过程和子过程来实现此功能，下面围绕 VB 的内部函数、自定义函数过程和自定义子过程的概念、声明、使用等方面进行介绍。

5.1　内部函数

5.1.1　常用内部函数

一个函数就是一段程序代码，可以完成某一特定的功能，内部函数是系统预先设计好的函数，供户调用，本书综合案例计算器中的 Sin、Cos、Abs、Sqr 等均调用内部函数实现其功能。调用内部函数过程如下。

例 5.1　计算器函数区中调用内部函数程序。

```
Private Sub Command3_Click(Index As Integer)
Select Case Index                          'Index 为控件数组 Command3 中索引值
Case 0
Text2.Text = Sin(Val(Trim$(Text1.Text)))                '调用 Sin 函数
Case 1
Text2.Text = Cos(Val(Trim$(Text1.Text)))    '调用 Cos、Val、和 Trim$函数,功
                                            '能分别是求余弦、字符转换成数值和
                                            '去除字符串中空格函数
Case 2
Text2.Text = Abs(Val(Trim$(Text1.Text)))    '调用求绝对值函数 Abs
Case 3
Text2.Text = Sqr(Val(Trim$(Text1.Text)))    '调用求平方根函数 Sqr
Case 4
Text2.Text = Hex$(Val(Trim$(Text1.Text)))   '调用十进制数转换成 16 进制数函数
                                            'Hex$
Case 5
Text2.Text = Oct$(Val(Trim$(Text1.Text)))   '调用十进制数转换成 8 进制数函数 Oct$
Case 6
Text2.Text = Asc(Trim$(Text1.Text))         '调用求字符 ASCII 码函数 Asc
Case 7
Text2.Text = Rnd(Val(Trim$(Text1.Text)))    '调用随机函数 Rnd
Case 8
Text2.Text = Date                           '调用当前日期函数 Date
Case 9
Text2.Text = Len(Trim$(Text1.Text))         '调用求字符串长度函数 Len
End Select
End Sub
```

5.1.2　内部函数分类

除了上面介绍的几个常用内部函数外，VB 中还提供了大量的内部函数。在这些函数中，有些是通用的，有些则与某种操作有关。大体分成 6 类，分别是转换函数、数学函数、日期函数、时间函数、随机函数和字符串函数，见表 5-1～表 5-6。

表 5-1　转换函数

序号	函数名称	功能描述
1	Int(x)	返回不大于自变量的最大整数
2	Fix(x)	去掉一个浮点数的小数部分，保留其整数部分
3	Hex(x)	把一个十进制数转换成为十六进制数
4	Oct(x)	把一个十进制数转换成为八进制数
5	Asc(x)	返回字符串中第一个字符的 ASCII 码

（续表）

序号	函数名称	功能描述
6	Chr(x)	把值转换为相应的 ASCII 字符
7	Str(x)	把值转换为一个字符串
8	Cint(x)	把小数部分四舍五入，转换为整数
9	Ccur(x)	把值转换为货币类型，小数部分最多保留 4 位
10	CDbl(x)	把值转换为双精度数值
11	CLng(x)	把值小数部分四舍五入转换为长整型数值
12	CSng(x)	把值转换为单精度数值
13	CVar(x)	把值转换为变体类型值

表 5-2　数学函数

序号	函数名称	功能描述
1	Sin(x)	返回正弦值
2	Cos(x)	返回余弦值
3	Tan(x)	返回正切值
4	Atn(x)	返回反正切值
5	Abs(x)	返回绝对值
6	Sgn(x)	返回自变量的符号
7	Sqr(x)	返回自变量 x 的平方根，自变量必须大于或等于 0，值为负数时，函数返回-1，值为 0 时，函数返回 0，值为正数时，函数返回 1
8	Exp(x)	返回以 e 为底数，以 x 为指数的值，即求 e 的 x 次方

表 5-3　日期函数

序号	函数名称	功能描述
1	Day(Now)	返回当前的日期
2	WeekDay(Now)	返回当前的星期
3	Month(Now)	返回当前的月份

表 5-4　时间函数

序号	函数名称	功能描述
1	Hour(Now)	返回小时（0～23）
2	Minute(Now)	返回分钟（0～59）
3	Second(Now)	返回秒（0～59）

表 5-5　随机函数

函数名称	功能描述
Rnd(x)	产生一个 0～1 之间的单精度随机数，当一个应用程序不断地重复使用随机数时，同一序列的随机数会反复出现，用 Randomize 语句可以消除这种情况

表 5-6 字符串函数

序号	函数名称	功能描述
1	LTrim(字符串)	去掉字符串左边的空格
2	RTrim(字符串)	去掉字符串右边的空格
3	Trim(字符串)	去掉字符串两边的空格
4	Left(字符串，n)	返回字符串的前 n 个字符($n\geqslant0$)
5	Mid(字符串，p，n)	从第 p 个字符开始，向后截取 n 个字符($p>0$，$n\geqslant0$)。函数的第三个自变量可以省略。在省略的情况下，将从第二个自变量指定的位置向后截取到字符串的末尾
6	Right(字符串，n)	返回字符串最后 n 个字符($n\geqslant0$)
7	Len(字符串) 或 Len(变量名)	用 Len 函数可以测试字符串的长度，也可以测试变量的存储空间
8	String(n,ASCII 码)或 String(n,字符串)	返回由 n 指定个数组成的字符串。第二个自变量可以使用 ASCII 码，也可以是字符串
9	Space(n)	返回 n 个空格
10	InStr([首字符位置,]字符串 1，字符串 2 [,n])	在字符串 1 中查找字符串 2，如果找到了，则返回字符串 2 的第一个字符的位置。若为字符串首字符，则位置为 1
11	Ucase(字符串)	小写字母转换为大写字母
12	Lcase(字符串)	大写字母转换为小写字母

5.2 自定义函数过程

VB 中以 Function 保留字定义函数过程，自定义函数过程也叫用户自定义函数，通过函数名带回一个返回值。

5.2.1 函数过程定义

函数过程是构成程序的一个模块，往往用来完成一个相对独立的功能，函数过程可以使程序更清晰、更具结构性。函数过程的定义有两种方式。

1．定义方式

方式 1：在 VB 中选择"工具"→"添加过程"命令。

① 打开要编写过程或函数的窗体的代码窗口。

② 选择"工具"→"添加过程"命令。

③ 在"名称"中输入函数过程名(过程名不能有空格)。

④ 在"类型"中选取"函数"。

⑤ 在"范围"中选取"公用的"可定义一个全局函数过程，选取"私有的"可定义一个局部函数过程。

方式 2：利用代码窗口直接定义。

在窗体标准模块的代码窗口把插入点放在所有子过程之外，输入即可。

2. 函数过程定义语法

```
[Static][Public|Private] Function 函数过程名 ([参数列表])[As 数据类型]
局部变量或常数定义
        语句
    [Exit Function]
        语句
    End Function
```

说明：

① Static、Public、Private 分别表示静态、公有和私有；

② 函数过程名命名规则同变量；

③ 函数过程名后面的括号为参数区，其个数可为 0、1、2 等；

④ 函数名是有值的，所以在函数体内至少要对函数名赋值一次；

⑤ Function 内不得再有 Function 定义。

5.2.2　函数过程调用

函数过程调用格式：

函数过程名(实参列表)

5.2.3　函数过程应用

本节通过学习 Sum 函数，掌握函数过程定义和调用的全部过程。

1. Sum 函数过程的定义

① 打开要编写过程或函数窗体的代码窗口。

② 选择"工具"→"添加过程"命令得到图 5-2 所示对话框。

③ 在"名称"中输入函数过程名 Sum(过程名不能有空格)。

④ 类型和范围的选取如图 5-2 所示，确定后得到图 5-3 所示结果。

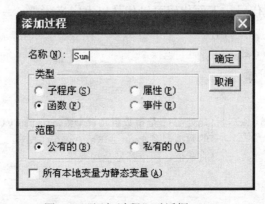

图 5-2　"添加过程"对话框

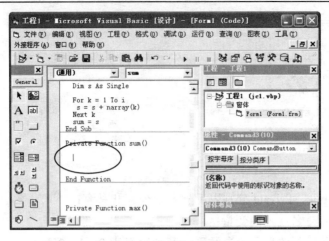

图 5-3 函数过程定义框架

图 5-3 中圆圈内为函数过程定义框架，在此书写求和代码，添加代码后得到如图 5-4 所示结果。

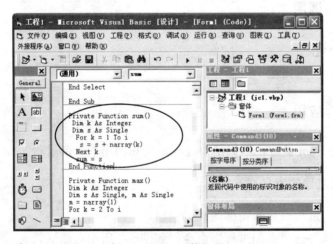

图 5-4 sum 函数代码

至此完成了通过菜单对 Sum 函数的定义过程。另外，可以通过方法 2 在代码窗口所有子过程外插入 Sum 定义代码，下面代码可以代替以上定义步骤。

```
Public Function Sum()
Dim k As Integer
Dim s As Single
s = 0
For k = 1 To  i-1
s = s + narray(k)          '此处 i-1 是指数组元素个数，narray(k)是通过文本框 1 中输入
 Next k                    '的数据，在 Text1_KeyPress(Keyasc As Integer)过程中
                           '有赋值，两个都是全局变量
 sum= s
End Function
```

2．函数过程调用

需要调用 Sum 函数过程，只要在能够被执行的代码中写上过程名(实参列表)，定义函数过程时带了参数，此时要给出实际参数，本例的 Sum 函数是没带参数的，调用时不需要带实际参数。由于函数名需要返回一个值，故函数不能作为单独语句调用，必须作为表达式或表达式的一部分进行调用。本案例可以在单击 Sum 命令按钮时调用函数过程，如图 5-5 所示。

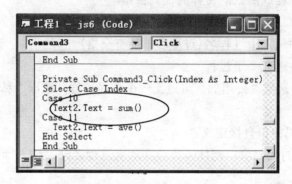

图 5-5　函数过程 Sum 的调用

运行时得到的结果如图 5-6 所示。

图 5-6　求和(Sum)功能的运行结果

5.3　用户子过程的定义及应用

函数过程与子过程作用类似，都是完成某特定功能的一段程序，但在调用和参数返回中有一些差异。

5.3.1　用户子过程定义

子过程定义有两种方式。

1．定义方式

方式 1：在 VB 中选择"工具"→"添加过程"命令。

① 打开要编写过程或函数的窗体的代码窗口。

② 选择"工具"→"添加过程"命令。

③ 在"名称"中输入子过程名(过程名不能有空格)。

④ 在"类型"中选取"子过程"。

⑤ 在"范围"中选取"公用的"可定义一个全局过程，选取"私有的"可定义一个局部过程。

方式 2：利用代码窗口直接定义。

在窗体标准模块的代码窗口把插入点放在所有过程之外，输入即可。

2．子过程定义语法

```
[Static][Public|Private] Sub 子过程名 [(参数列表)]
局部变量或常数定义
        语句
    [Exit Sub]
        语句
  End Sub
```

说明：① Static、Public、Private 分别表示静态、公有和私有；

② 子过程名的命名规则同变量；

③ 子过程名后面的括号为参数区，其个数可为 0、1、2 等；

④ 子过程内不得再有子过程定义。

3．子过程调用

子过程调用格式：

子过程名(实参列表)或 Call 子过程名(实参列表)

5.3.2　子过程应用

计算器函数区中最小值子过程定义如下。

例 5.2　用函数求数组元素中最小值。

```
Private Sub min()
Dim k As Integer
Dim s As Single, m As Single
  m = narray(1)
```

```
For k = 2 To i - 1
  If m > narray(k) Then m = narray(k)
Next k
  Text2.Text = m              '找到的最小值赋给输出文本框
End Sub
```

调用：

```
Case 13                       '13 是函数区控件数组 Command3 中求最小值 Min 的 Index 值
  Call min ()                 '子过程调用，Call 也可以省略
```

运行结果请读者自行尝试。

子过程参数传递与函数过程相同，请读者自行编写求最大值的子过程。

5.4　过程的作用域

过程的作用域是指过程在程序中起作用的范围，见表 5-7 所示。

表 5-7　过程的作用域表

作用范围		定义方式	能否被本模块其他过程调用	能否被本应用程序其他模块调用
模块级	窗体	过程名前加 Private 例：Private Sub my1(形参表)	能	不能
	标准模块		能	不能
全局级	窗体	过程名前加 Pubilc 或默认 例：[Public] Sub my2(形参表)	能	能，必须在过程名前加窗体名 例：Call 窗体名.My1(实参表)
	标准模块		能	能，但过程名必须唯一，否则需要加标准模块名 例：Call 标准模块名.My2(实参表)

5.5　过程参数

给过程传递数据的途径是使用参数，参数名可以是任何有效的变量名。使用 Sub 语句或 Function 语句创建过程时，过程名之后必须紧跟括号。括号中包含所有参数，参数间用逗号分隔。

5.5.1　参数传递

参数的传递有以下方式。

1. 按值传递参数

按值传递参数时，传递的只是变量的副本。如果过程中改变了这个值，则所做变动只影响副本而不会影响变量本身。

例如：

```
Sub swap(ByVal x As Integer, ByVal y As Integer)
    …  '这里写语句
End Sub
```

例5.3　编写程序交换两个数。

```
Private Sub swap(ByVal x As Integer, ByVal y As Integer)
 Dim t As Integer
  t = x : x = y : y = t
End Sub


Private Sub Form_Click()
Dim a As Integer, b As Integer
a = 10 : b = 20 : Print "原值："; "a1="; a, "b1="; b : swap (a, b)
Print "交换后："; "a1="; a, "b1="; b
End Sub
```

若实参为常量、表达式或被调过程中相对应的形参变量前有关键字 ByVal，则将常量或表达式的值传递给被调过程中相对应的形参，即为值传递；所以本例中，调用 swap (a, b) 后，再 Print "交换后："; "a1="; a, "b1="; b，输出值 a1=10，b1=20，a1 和 b1 的值并没有得到交换。

2．按地址传递参数

按地址传递参数是指在调用过程中将实参变量的地址传递给形参变量，使形参变量和实参变量共享存储单元，通过过程中操作可以永久改变实参变量的值。按地址传递参数在 Visual Basic 中是默认的。

例如：

```
Sub swap(x As Integer, y As Integer)
    …     '这里写语句
 End Sub
```

若实参为变量或数组，且形参变量前无关键字 ByVal，则实参传递给形参的是地址，此后实参和形参指向同一存储单元。因此，在执行被调过程时，形参的变化直接影响实参。

例5.4　编写程序交换两个数。

分析：因为要通过调用过程来改变实参的值，所以要用地址传递方式。

```
Private Sub swap(x As Integer, y As Integer)
 Dim t As Integer
  t = x : x = y : y = t
End Sub
Private Sub Form_Click()
Dim a As Integer, b As Integer
```

```
a = 10 : b = 20 : Print "原值: "; "a1="; a, "b1="; b : swap (a, b)
Print "交换后:"; "a1="; a, "b1="; b
End Sub
```

本程序中,定义子程序的过程和调用子程序的过程同属于 Form1 窗体。运行此程序后,单击窗体,执行 Form_Click()过程,首先输出"原值:a1=10   b1=20",再执行 swap(a,b)语句,即调用子程序,在调用子程序 swap 时,首先依次将实参 a、b 所指向的存储单元的地址传递给形参 x、y,这样,参数传递完后,x 与 a 指向同一个存储单元,y 与 b 指向同一个存储单元。参数传递完后,执行被调过程中的代码实现 x 与 y 值的交换,因为 x 与 a 指向同一个存储单元,y 与 b 指向同一个存储单元,所以 a、b 的值也得以交换。执行完后返回 Form_Click()过程,执行 swap(a,b)后,输出"a1=20   b1=10"。

5.5.2 数组作为函数参数

VB 允许数组作为形参出现在形参表中,其语法为:

形参数组名() [As 数据类型]

形参数组只能按地址传递参数,对应的实参也必须是数组,且数据类型相同。调用时,把要传递的数组名放在实参表中,数组名后面不跟圆括号。在过程中不需要用 Dim 语句对形参数组进行声明,否则会产生"重复声明"的错误。但在使用动态数组时,可以用 ReDim语句改变形参数组的维数和界限,重新定义数组的大小。

例 5.5 编写子过程求数组元素的最大值,用数组做过程参数。

```
Dim n, m As Integer, x() As Integer
Private Sub Command3_Click()
  n = Val(InputBox("请输入数组元素的总个数", "", ""))
  ReDim x(n)
  Text1.Text = ""
  For i = 0 To n-1
    x(i) = Val(InputBox("请输入第" & Str(i) & "个数", "求最大值", ""))
    Text1.Text = Text1.Text & Str(x(i))          '每输入一个数显示一个数
  Next i
Call Max(x)                    '调用 Max 子过程求最大值,数组名 x 用做实参
Text2.Text=m                   '最大值 m 在文本框 Text2 中输出
End Sub

Private Sub Max(a() As Integer)
    Dim i As Integer, j As Integer
    m=a(0)
    For i = 1 To UBound(a) - 1
        If m<a(i) Then m= a(i)     '最大值用全局变量 m 保存
    Next i
End Sub
```

5.6 递归

用自身的结构来定义自身称为"递归"。在程序代码中通过递归调用，可大大提高代码的效率。递归是一个过程调用自己来完成某个特定的任务，在递归过程中，一个过程的某一步要用到其自身的上一步或几步的结果。递归分为两种类型：直接递归和间接递归。VB 中的子过程或函数过程具有递归调用功能。

递归可能会导致堆栈上溢。通常 Static 关键字和递归过程不在一起使用。使用递归过程要特别小心，不加控制的递归通常会引起溢出堆栈空间错误信息，如下例。

例 5.6 用递归函数实现综合案例中 $n!\,(n = 0 \sim 12)$。

由数学定义：0 的阶乘为 1，正数 n 的阶乘为：

$$n! = n \times (n-1) \times (n-2) \times \cdots \times 2 \times 1$$

分析：

① 当 $n=0$ 或 1 时，$n! = 1$；

② 当 $n=2$ 时，$n!=1\times2=1!\times2$；

③ 当 $n=3$ 时，$n!=1\times2\times3=2!\times3$；

④ 当 $n=4$ 时，$n!=1\times2\times3*4=3!\times4$。

归纳一般情况，$n!=(n-1)!\times n$。

所以，欲求 n 的阶乘，可以先求 $n-1$ 的阶乘，欲求 $n-1$ 的阶乘，可以先求 $n-2$ 的阶乘，依次类推，一直推到 $n=1$ 或 0，返回结果 1。

VB 程序如下。

```
Public Function Factorial(n As Long)  as  Long
    If  n>1 Then
        Factorial = n * Factorial(n - 1)
    Else
        Factorial = 1
    End If
End Function

Private Sub Form_Load()
    Dim N As Long
    Dim Msg As String
    Dim L As Long
    Do
    n = Val(InputBox("Enter a number from 0 to 12 (or -1 to end)"))
                    'InputBox 函数输入一个 0～12 的值，输入-1 结束
    If n >= 0 And n <= 12 Then
    L = Factorial(n)
```

```
        Msg = Str$(n) & " Factorial is " & Str$(L)
        MsgBox Msg
        End If
        Msg = ""
    Loop While n >= 0
    End Sub
```

可以用递归算法解决的问题一般必须具备下列两个条件：

● 可以将原问题转化为较低级别的同样的问题；

● 存在边界条件，即经过若干次递归后能够找到一个已知结果。

5.7　综合应用

例 5.7　使用自定义过程实现进制转换。把二至十六进制的字符串转换成十进制整数，s 表示任意进制的字符串，r 表示进制。

程序如下：

```
    Private Sub Convert(ByVal s As String , ByVal r As Integer, D as Long)
        Dim n%, i%, c As String * 1
        n = Len(s): p = 0
        For i = 1 To n
            c = UCase(Mid(s, i, 1))
            Select Case c
                Case "0" To "9"
                    p = p * r + Val(c)
                Case "A" To "Z"
                    p = p * r + Asc(c) - 55
            End Select
        Next i
        D = p                          '变量 D 中存放转换后的十进制整数
    End Sub
```

下面是调用函数：

```
    Private Sub Command1_Click()
    Dim d As Long
    d = 0
    Call Convert(Trim(Text1.Text), Val(Trim(Text2.Text)), d)
    Text3.Text = d
    End Sub
```

运行结果如图 5-7 所示。

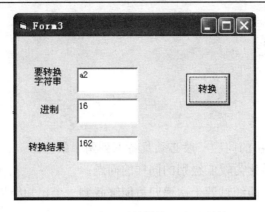

图 5-7　任意进制数转换成十进制数

例 5.8　通过自定义过程求一个正整数的所有因子。

分析：因为一个正整数的全部因子可能有多个，需要从子过程带回多个参数比较麻烦，这里采用将多个因子转换成一个字符串变量带回主调过程。

程序如下：

```
Option Explicit
Private Sub Command1_Click()
    Dim inta As Integer, st As String
    inta = Val(Text1.Text)
    st = "1"
    Call factor(inta, st)
    st = st & " " & inta
    Text2.Text = st
End Sub
Private Sub factor(ByVal n As Integer, s As String)
    Dim i As Integer
    For i = 2 To n - 1
        If n Mod i = 0 Then s = s & Str(i)
    Next i
End Sub
```

例 5.9　编写一个求最大公约数(GCD)的函数过程。

分析：最大公约数需要两个整型参数，通过函数返回值带回最大公约数。

程序如下：

```
Private Sub Command1_Click( )
    Dim N As Integer, M As Integer, G As Integer
    N = Text1.Text
    M = Text2.Text
    G = Gcd(N, M)
    Text3.Text=Str(G)
End Sub
```

```
Function Gcd(ByVal x As Integer, ByVal y As Integer) As Integer
    Do While y <> 0
        reminder = x Mod y
        x = y
        y = reminder
    Loop
    Gcd = x
End Function
```

例 5.10 使用递归函数计算裴波拉契数列前 *n* 项。

分析：根据裴波拉契数列定义，第 1 项和第 2 项都为 1，以后每一项都为前两项之和，当 *n*=1 或 2 时，递归函数的返回值为 1，其他项递归调用前两项之和求得。

程序如下：

```
Private Sub Command1_Click()
    Dim n, i As Integer
    n = Val(InputBox("求数列的前 n 项"))
    For i = 1 To n
    Print S(i),
    Next
End Sub
Private Function S(n As Integer)
    If n = 1 Or n = 2 Then
        S = 1
    Else
        S = S(n - 1) + S(n - 2)
    End If
End Function
```

习题 5

一、选择题

1. 在窗体上画一个名称为 Command1 的命令按钮和两个名称为 Text1、Text2 的文本框，然后编写如下事件过程：

```
Private Sub Command1_Click()
    n = Text1.Text
    Select Case n
        Case 1 To 20
            x = 10
        Case 2, 4, 6
            x = 20
        Case Is < 10
```

```
        x = 30
    Case 10
        x = 40
  End Select
  Text2.Text = x
End Sub
```

程序运行后，如果在文本框 Text1 中输入 10，然后单击命令按钮，则在 Text2 中显示的内容是（　　）。

  A．10   B．20   C．30   D．40

2．以下关于变量作用域的叙述中，正确的是（　　）。

  A．窗体中凡被声明为 Private 的变量只能在某个指定的过程中使用

  B．全局变量必须在标准模块中声明

  C．模块级变量只能用 Private 关键字声明

  D．Static 类型变量的作用域是它所在的窗体或模块文件

3．在窗体上画一个名称为 Text1 的文本框和一个名称为 Command1 的命令按钮，然后编写如下事件过程，程序运行后，如果单击命令按钮，则文本框中显示的是（　　）。

```
Private Sub Command1_Click()
    Text1.Text = "Visual"
    Me.Text1 = "Basic"
    Text1 = "Program"
End Sub
```

  A．Visual   B．Basic   C．Program   D．出错

4．一个工程中含有窗体 Form1、Form2 和标准模块 Model1，如果在 Form1 中有语句 Pubilc X As Integer，在 Model1 中有语句 Pubilc Y As Integer，则以下叙述中正确的是（　　）。

  A．变量 X、Y 的作用域相同   B．Y 的作用域是 Model1

  C．在 Form1 中可以直接使用 X   D．在 Form2 中可以直接使用 X 和 Y

5．使用过程是为了（　　）。

  A．使程序模块化 B．使程序易于阅读 C．提高程序运行速度 D．便于系统的编译

6．有一子程序定义为 Private Sub tt(x,y)，正确的调用格式是（　　）。

  A．Call tt 1,2   B．Call sub 1,2   C．tt 1,2   D．Sub 1,2

7．根据变量的作用域，可以将变量分为 3 类，分别为（　　）。

  A．局部变量、模块变量和全局变量   B．局部变量、模块变量和标准变量

  C．局部变量、模块变量和窗体变量   D．局部变量、标准变量和全局变量

8．在窗体上画一个命令按钮，命令按钮代码如下：

```
Private Sub Command4_Click()
    Dim a As Integer, b As Integer
    a＝1
    b＝2
    Print N(a, b)
End Sub
```

```
Function N(x As Integer, y As Integer)As Integer
    N=IIf(x>y, x, y)
End Function
```

程序运行后，单击命令按钮，输出结果为(　　)。

　　A. 1　　　　　　　　B. 2　　　　　　　　C. 5　　　　　　　　D. 8

9. 在 Visual Basic 应用程序中，以下描述正确的是(　　)。

　　A. 过程的定义可以嵌套，但过程的调用不能嵌套

　　B. 过程的定义不可以嵌套，但过程的调用可以嵌套

　　C. 过程的定义和过程的调用均可以嵌套

　　D. 过程的定义和过程的调用均不能嵌套

10. 以下说法错误的是(　　)。

　　A. 函数过程没有返回值　　　　　　　　B. 子过程没有返回值

　　C. 函数过程可以带参数　　　　　　　　D. 子过程可以带参数

11. 在窗体(Name 属性为 Forml)上画两个文本框(Name 属性分别为 Text1 和 Text2)和一个命令按钮(Name 属性为 Command1)，然后编写如下两个事件过程：

```
Private Sub Command1_Click()
  a=Text1.Text+Text2.Text
  Print a
End Sub
Private Sub Form_Load()
  Textl.Text=""
  Text2.Text=""
End Sub
```

程序运行后，在第一个文本框(Text1)和第二个文本框(Text2)中分别输入 123 和 321，然后单击命令按钮，则输出结果为(　　)。

　　A. 444　　　　　　B. 321123　　　　　　C. 123321　　　　　D. 132231

二、填空题

1. 根据是否有返回值可将 VB 中的过程分为_____和_____两类。

2. 过程的_____是指在一个函数中直接或间接地调用自己。

3. 形参数组只能按地址传递参数，对应的实参也必须是_____。

4. 可以用_____提前结束过程，并返回到调用该过程语句的下一条语句。

5. _____指出现在过程形参表中的变量名、数组名。

6. _____是在调用过程时，传送给相应过程的变量名、数组名、常量或表达式。

7. 参数定义时若有限定词 ByVal，则参数传递_____。

8. 定义时没有修饰词或带关键字 ByRef，则参数传递_____。

9. 在窗体上画一个名称为 Text1 的文本框，然后画三个单选钮，并用这三个单选钮建立一个控件数

组，名称为 Option1，程序运行后，如果单击某个单选钮，则文本框中的字体将根据所选择的单选钮切换，请填空。

```
Private Sub Option1_Click(Index As Integer)
    Select Case _____
      Case 0
         a = "宋体"
      Case 1
         a = "黑体"
      Case 2
         a = "楷体__GB2312"
    End Select
    Text1. _____
  End Sub
```

10. 写出下列过程的输出结果。

```
Private Sub Form_Activate()
a = 1
Print a
End Sub
```
输出结果：_____。

```
Private Sub Form_Activate()
Print a = 1
End Sub
```
输出结果：_____。

11. 下面是一个计算矩形面积的程序，调用过程计算矩形面积，请将程序补充完整。

```
Sub RecArea(L, W)
    Dim S As Double
    S=L * W
    MsgBox"TotalAreais"&Str(S)
End Sub
PrivateSubCommand1_Click()
    DimM, N
    M=InputBox("宽度? ")
    M=Val(M)

    _____
    N=Val(N)

    _____
End Sub
```

三、程序设计

1. 编写过程求 1!+2!+3!+4!+…+20!。

2．编写过程实现求 2/1、3/2、5/3、8/5、13/8、21/13…的前 20 项之和。

3．编写程序完成如下功能：分别将字符串 a 和字符串 b 中的字符倒置。然后按交叉的顺序将两个字符数合并到字符数组 c 中，过长的部分直接连接在 c 的尾部（例如，若字符串 a 的内容为 abcdefgh，字符串 b 的内容为 1990，则结果为 h0g9f9e1dcba）。

4．编写过程，求 100～300 中所有的素数，并将其存放到一个数组中。

5．编写过程，判断一字符串是否是回文（例如 ababa 是回文，而 abdfa 不是）。

第6章 用户界面设计

用户界面是应用程序的重要组成部分，它主要负责用户与应用程序之间的交互。对初学者来说，编写应用程序应该首先设计一个简单、美观、易用的界面，然后编写各控件的事件过程。

本章围绕一个类似记事本的案例进行讲解，首先介绍其主要功能，然后围绕该案例重点介绍几个常用标准控件、通用对话框、菜单和多重窗体，使读者能够熟练掌握建立基于图形用户界面的应用程序的方法。

6.1 常用标准控件

记事本的主要功能包括"文件"菜单的"新建"、"打开"、"保存"、"退出"命令，"编辑"菜单的"剪切"、"复制"、"粘贴"、"查找"命令和"格式"菜单的"字体"、"颜色"等命令。如图 6-1 所示，运行界面右侧"字体"、"字形"和"大小"功能的完成需要使用 VB 中常用的标准控件，如单选钮、复选框和框架来实现。标准控件又称内部控件，是指在 VB 的工具箱中默认显示的控件。利用控件可以非常容易地创建用户界面，然后设置控件属性和编写事件过程代码。

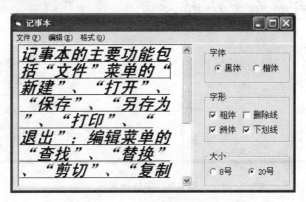

图 6-1　记事本运行界面

6.1.1 单选钮、复选框

1. 单选钮

单选钮（OptionButton）的左边有一个○。单选钮通常成组出现，一组单选钮中只允许选择一项。单选钮主要用于在多种功能中由用户选择一种功能的情况，当某一项被选中后，其左边的圆圈出现一个黑点◉。它的主要属性有 Caption 和 Value。Caption 属性的值是单选钮上显示的文本。Value 属性是默认属性，其值为逻辑类型，表示单选钮的状态。

  True：单选钮被选定。

  False：单选钮未被选定，默认值。

单选钮能够响应 Click 事件，当用户单击后，单选钮会自动改变状态。

2. 复选框

复选框(CheckBox)的左边有一个□。复选框列出可供用户选择的选项，用户根据需要选定其中的一项或多项。复选框主要用于选择某一种功能的两个不同状态的情况。它的主要属性有 Caption 和 Value。Caption 属性的值是复选框上显示的文本。复选框的 Value 属性值为整型，表示复选框的状态：

  0——vbUnchecked：复选框未被选定，默认值。

  1——vbChecked：复选框被选定。

  2——vbGrayed：复选框变成灰色(变暗)，并显示一个选中标记，一般表示部分选定。

复选框也能响应 Click 事件，当用户单击后，复选框会自动改变状态。

  例 6.1 实现记事本运行界面右侧的"字体"的设置功能。运行界面如图 6-2 所示。窗体上各控件的属性见表 6-1。

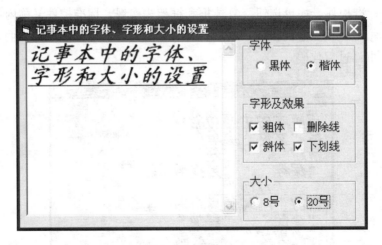

图 6-2 字体设置

  分析：

  ① 利用单选钮分别设置记事本中的字体和大小，此时需要用框架(Frame)将每一组单选钮合并成组，因为单选钮的一个特点是当选定其中的一项，其余项会自动处于未选定状态。这样，在一个框架内的单选钮为一组，对它们的操作不会影响框架以外的单选钮。利用复选框设置字形，其属性值的设置见表 6-1。

表 6-1　控件属性及值

控件名（Name）	属性	值
Text1	Text	记事本中的字体、字形和大小的设置
	MultiLine	True
	ScrollBars	2-Vertical
Option1	Caption	黑体
Option2	Caption	楷体
Option3	Caption	8 号
Option4	Caption	20 号
Check1	Caption	粗体
Check2	Caption	斜体
Check3	Caption	删除线
Check4	Caption	下划线
Frame1	Caption	字体
Frame2	Caption	字形及效果
Frame3	Caption	大小

② 要实现记事本中的字体、字形和大小的设置，需要使用单选钮和复选框的 **Click** 事件。事件过程如下：

```
Private Sub Option1_Click()
   Text1.FontName = "黑体"
End Sub
Private Sub Option2_Click()
    Text1.FontName = "楷体_GB2312"
End Sub
Private Sub Option3_Click()
   Text1.FontSize = 8            '设置 Text1 的字体大小为 8 磅
End Sub
Private Sub Option4_Click()
   Text1.FontSize = 20
End Sub
Private Sub Check1_Click()
  If Check1.Value = 1 Then
      Text1. FontBold = True      '单击 Check1，如果复选框被选中，则显示粗体
  Else
      Text1. FontBold = False     '否则显示常规字形
  End If
End Sub
Private Sub Check2_Click()
   Text1. FontItalic = Not Text1. FontItalic
```

```
End Sub
Private Sub Check3_Click()
    Text1.FontStrikethru = Not  Text1.FontStrikethru
End Sub
Private Sub Check4_Click()
    Text1.FontUnderline =Not  Text1.FontUnderline
End Sub
```

例 6.2　实现记事本"编辑"菜单的"查找"功能，单击"查找下一个"按钮，在文本框中查找单词"VB"，找到后以高亮度显示。若再单击"查找下一个"按钮，则继续查找。运行界面如图 6-3 所示。文本框(Text1 和 Text2)的 Text 属性在设计时设置为空。

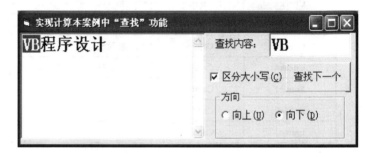

图 6-3　查找界面

分析：

① 查找的方向分为向上和向下，向下查找指的是从光标所在处开始向右查找，即设置 Option2.Value = True。如果需要区分字母大小写，则需要设置 Check1.Value = 1。事件过程代码如下：

```
Dim s$, k As Integer, flag As Boolean '通用声明段把变量声明为模块级变量
Private Sub Command1_Click()
Dim s1$, s2$, L1%, L2%, n%
Static x As Integer
If flag = True Then  x = 0:k = 1:flag = False
If Check1.Value = 1 Then                 '字母区分大小写
  If Option2.Value = True Then       '向下查找指的是从光标所在处开始向右查找
    n = InStr(s, Text2)
    If n > 0 Then
      Text1.SetFocus
      x = x + n
    i = MsgBox("找到了""" & Text2 & """", 1 + 48)
      Text1.SelStart = x - 1
      Text1.SelLength = Len(Text2)
      s = Mid(s, n + 1)
    Else
```

```
        MsgBox "没有找到""" & Text2 & """"
      End If
    End If
  End If
```

　　思考：如何向上查找？提示：向上查找指的是从光标所在处开始向左查找，可以使用
StrReverse(C) 把内容取反。

　　② 如果不需要区分字母大小写，则设置复选框的 Value 属性为 0，利用 UCase(C) 函
数把字母全部转为大写字母，其余的代码希望读者自行完善。

6.1.2　列表框和组合框

1. 列表框

　　列表框是一个显示多个项目的列表，便于用户选择一个或多个列表项目，达到与用户
对话的目的，如果有较多的列表项，超出列表框设计时的长度而不能一次全部显示时，VB
会自动加上垂直滚动条。

　　注意：列表框只能从其中选择列表项，不能直接输入或修改其中的内容。

　　列表框的主要属性见表 6-2。

表 6-2　列表框的主要属性

属性	类型	说明	属性值设置或引用
List	字符数组	存放列表项目值	在属性窗口 在代码窗口
ListIndex	整型	程序运行时被选定项目的序号，未选中则该值为-1	在代码窗口
ListCount	整型	列表框中项目的总数，项目下标为 0～ListCount-1	在代码窗口
Sorted	逻辑型	决定在程序运行期间列表框中的项目是否进行排序	在属性窗口
Text	字符型	被选定项目的文本内容	在代码窗口
Selected	逻辑型数组	列表框某项的选中状态，选中为 True，否则为 False	在代码窗口
MultiSelect	整型	确定列表框是否允许多选 0：不能多选，为默认值； 1：表示可用鼠标单击或按空格键实现简单多选； 2：表示 Shift+Ctrl 组合键能实现选定多个连续项	在属性窗口

　　列表框中的列表项可以简单地在设计状态通过 List 属性设置，也可以在程序中用
AddItem 方法来添加。

　　列表框的主要方法：

　　(1) AddItem 方法

　　格式：

　　　　列表框对象.AddItem　项目字符串[,索引值]

　　作用：AddItem 方法把一个项目添加到列表框。

　　项目字符串：必须是字符串表达式，是将要加入列表框的项目。

索引值：决定新增项目在列表框中的位置，原位置的项目依次后移；如果省略，则新增项目添加在最后。对于第一个项目，索引值为 0。

（2）RemoveItem 方法

格式：

　　列表框对象.RemoveItem 索引值

作用：从列表框中删除由索引值指定的项目。

（3）Clear 方法

格式：

　　列表框对象.Clear

作用：清除列表框中所有项目的内容。

列表框常用的事件有 Click（单击）、DblClick（双击）事件。

2．组合框

组合框是兼有文本框和列表框两者功能特性而形成的一种控件。组合框有三种不同的风格，即下拉式组合框、简单组合框和下拉式列表框。组合框的风格由 Style 属性决定。除了下拉式列表框之外，其他的允许在文本框中用键盘输入列表框中所没有的选项，但输入的内容不能自动添加到列表框中。若用户选中列表框中某项，该项内容自动装入文本框中。

组合框有 3 种不同的类型，通过 Style 属性设置。

组合框的属性、方法和事件与列表框基本相同，下面给出与列表框不同的主要属性。

① Style：组合框样式，值为 0～2。

Style =0（默认）：下拉式组合框。由 1 个文本框和 1 个下拉式列表框组成。可以在文本框中直接输入内容或单击右边的下拉按钮打开列表供用户选择，选中内容显示在文本框中。

Style =1：简单组合框。与下拉式组合框的区别是列表框不以下拉形式显示。

Style =2：下拉式列表框。没有文本框，它不允许用户直接输入自己的内容，只允许用户单击右边的下拉按钮打开列表框来选择。

② 组合框在任何时候最多只能选取一个项目，因此 MultiSelect 和 Selected 属性在组合框中不可用。

例 6.3 上一节利用单选钮和复选框控件简单实现了记事本中的字体设置功能，如果想使用屏幕字体及大小，则需要列表框和组合框控件来实现记事本案例中"字体"的设置功能。设计界面如图 6-4 所示，运行界面如图 6-5 所示。

分析：

① 字体通过 Screen 对象的 Fonts 字符数组获得，在组合框 Combo1 中显示，用户不能输入，所以采用下拉式列表框，首先设置 Style 属性值为 2，然后将屏幕字体添加到下拉式列表框中。

```
Private Sub Form_Load()
    For i = 0 To Screen.FontCount - 1
        Combo1.AddItem Screen.Fonts(i)
    Next i
End Sub
```

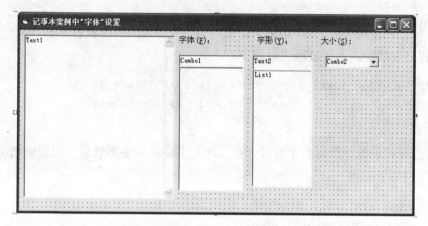

图 6-4　字体设计界面

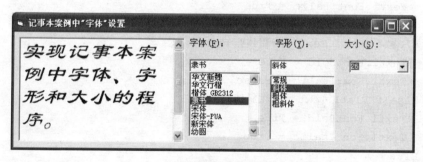

图 6-5　字体运行界面

思考：如果想实现屏幕字体中的"宋体"到"@幼圆"，则代码应该如何编写呢？

```
If Mid(Screen.Fonts(i), 2, 1) > "z" Then
    Combo1.AddItem Screen.Fonts(i)
End If
```

② 在下拉式列表框中选择所需的字体，则在 Text1 中显示该字体效果，使用 Combo1 的 Click 单击事件。

```
Private Sub Combo1_Click()
    Text1.FontName = Combo1.Text
End Sub
```

③ 字形在列表框 List1 中显示，常用四种字形的显示可以在窗体的 Form_Load 事件中利用 AddItem 方法实现。事件过程代码如下：

```
Private Sub Form_Load()
    List1.AddItem "常规"
    List1.AddItem "斜体"
    List1.AddItem "粗体"
    List1.AddItem "粗斜体"
End Sub
```

④ 字形除了在列表框 List1 中显示，也可以在文本框 Text2 控件中输入所需字形然后把其添加到列表框中，事件过程代码如下：

```
Private Sub Text2_KeyPress(KeyAscii As Integer)
    If KeyAscii = 13 Then List1.AddItem Text2.Text
End Sub
```

⑤ 当选择列表框中所需的字形时，在 Text1 中显示该字形效果。需要编写 List1 的单击事件，代码如下：

```
Private Sub list1_Click()
    Text2.Text = List1.Text
    If List1.Text = "斜体" Then
        Text1.FontItalic = True
        Text1.FontBold = False
    ElseIf List1.Text = "粗体" Then
        Text1.FontBold = True
        Text1.FontItalic = False
    ElseIf List1.Text = "粗斜体" Then
        Text1.FontBold = True
        Text1.FontItalic = True
    Else
        Text1.FontBold = False
        Text1.FontItalic = False
    End If
End Sub
```

⑥ 字号大小通过程序自动形成 8～72 磅值的偶数，在组合框 Combo2 中显示。事件过程代码如下：

```
Private Sub Form_Load()
    For i = 8 To 72 Step 2
        Combo2.AddItem i
    Next i
End Sub
```

⑦ 用户可以输入单数磅值，所以采用下拉式组合框。在组合框的文本框中输入字号，也可以在组合框中选择字号大小，改变 Text1 中显示该字号效果。

```
Private Sub Combo2_KeyPress(KeyAscii As Integer)
    If KeyAscii = 13 Then Text1.FontSize = Combo2.Text
End Sub
```

组合框常用的事件有 **KeyPress** 事件。

⑧ 当选择 Combo2 组合框中的字号后，在记事本中显示相应的大小。事件过程代码如下：

```
Private Sub Combo2_Click()
    Text1.FontSize = Val(Combo2.Text)
End Sub
```

6.1.3 定时器

定时器（Timer）控件按照一定的时间间隔产生 Timer 事件来完成相应的功能。所谓时间间隔指的是两个 Timer 事件之间的时间，它以 ms（0.001s）为单位。

1．定时器的主要属性

① Enabled 属性：当 Enabled 属性为 False 时，定时器不产生 Timer 事件，默认值是 True。在程序设计时，利用该属性可以灵活地启用或停用 Timer 事件。

② Interval 属性：设置两个 Timer 事件之间的时间间隔，其值以 ms 为单位，介于 0～64 767 ms 之间，所以最大的时间间隔大约为 1 min。默认值为 0，此时定时器不产生 Timer 事件。如果希望每 0.5 s 产生一个 Timer 事件，那么 Interval 属性应设为 500。这样，每隔 500 ms 发生一个 Timer 事件，从而执行相应的 Timer 事件过程。在程序运行期间，时钟控件不显示在屏幕上。

注意：定时器产生 Timer 事件的两个前提条件是，Enabled 属性为 True，Interval 属性为非 0 值。

2．定时器的事件

定时器控件只有一个 Timer 事件，它的作用是每隔 Interval 时间间隔，就触发一次 Timer 事件。

例 6.4　利用定时器控件实现记事本中"编辑"菜单的"时间/日期"设置功能，显示当前时间和日期。运行界面如图 6-6 所示。

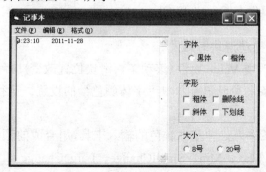

图 6-6　时间/日期运行界面

分析：

① 窗体上部分控件的属性见表 6-3。

表 6-3　控件属性及值

对象名	属性	值
Text1	MultiLine ScrollBars	True 2-Vertical
Timer1	Interval Enabled	1000 False

② 当单击"时间/日期"菜单项时，在记事本中显示当前时间和日期，事件过程代码为：

```
Private Sub TimeDate_Click()
    Timer1.Enabled = True
End Sub
```

③ 定时器的 Timer 事件过程如下：

```
Private Sub Timer1_Timer()
    Text1.Text = Time() & "    " & Date
End Sub
```

6.1.4　滚动条

滚动条(ScrollBar)：通常附在窗体上协助观察数据或确定位置，也可作为数据输入工具。滚动条有水平(HScrollBar)和垂直(VScrollBar)两种。

1．滚动条的主要属性

① Value 属性：滑块当前位置的值(默认为 0)。
② Min 属性：滑块处于最小位置时的值(−32768～32767，默认为 0)。
③ Max 属性：滑块处于最大位置时的值(−32768～32767，默认为 32767)。
④ SmallChange 属性：单击滚动条两端的箭头时，Value 属性(滑块位置)改变值。
⑤ LargeChange 属性：单击滚动条的空白区域时，Value 属性改变值。

2．滚动条的主要事件有 Scroll 和 Change

① Scroll 事件：当拖动滑块时触发。
② Change 事件：改变 Value 属性(滚动条内滑块位置改变)时触发。

例 6.5　利用滚动条来实现记事本中"字体颜色"的设置。运行界面如图 6-7 所示。

分析：

① 使用三个滚动条作为三种基本颜色的输入工具，用合成的颜色来设置文本框中字体的颜色。三个滚动条的 Max、Min、SmallChange、LargeChange 和 Value 属性初始值分别为 255、0、1、25 和 0。

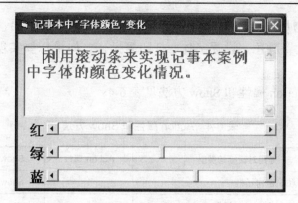

图 6-7　字体颜色设置

② 三个滚动条的事件过程代码如下：

```
Private Sub HScroll1_Change()
  Text1.ForeColor = RGB(HScroll1.Value, HScroll2.Value, HScroll3.Value)
End Sub
Private Sub HScroll2_Change()
  Text1.ForeColor = RGB(HScroll1.Value, HScroll2.Value, HScroll3.Value)
End Sub
Private Sub HScroll3_Change()
  Text1.ForeColor = RGB(HScroll1.Value, HScroll2.Value, HScroll3.Value)
End Sub
```

6.2　通用对话框

在图形用户界面中，对话框（DialogBox）是用户与应用程序进行交互的主要途径，既可以用于输入信息或向用户提供选择，也可以用来显示信息。

对话框是一种特殊类型的窗体对象，在 VB 应用程序中，可以使用以下三种方法创建对话框：

① 使用预定义对话框，它是系统定义的对话框，即由 InputBox 和 MsgBox 函数创建的对话框，InputBox 和 MsgBox 函数在 3.1.2 节中介绍了。

② 使用标准窗体创建自定义对话框。

③ 使用 CommonDialog 控件创建通用对话框，如打开（Open）、另存为（Save As）、颜色（Color）、字体（Font）、打印机（Printer）和帮助（Help）对话框。

本节将介绍使用 CommonDialog 控件创建的通用对话框。

通用对话框不是标准控件，只是一种 ActiveX 控件，位于 Microsoft Common Dialog Control 6.0 部件中，需要通过选择"工程"→"部件"命令加载。

在设计状态，窗体上显示通用对话框图标，但在程序运行时，窗体上不会显示通用对话框，直到在程序中用 Action 属性或 Show 方法激活而调出所需的对话框。通用对话框仅用于应用程序与用户之间进行信息交互，是输入/输出的界面，不能真正实现打开文件、存储文件、设置颜色、设置字体、打印等操作。如果想要实现这些功能则需要编程实现。

通用对话框的 Action 属性和 Show 方法见表 6-4。

表 6-4   Action 属性和 Show 方法

通用对话框的类型	Action 属性	Show 方法
打开(Open)对话框	1	ShowOpen
另存为(Save As)对话框	2	ShowSave
颜色(Color)对话框	3	ShowColor
字体(Font)对话框	4	ShowFont
打印(Print)对话框	5	ShowPrinter
帮助(Help)对话框	6	ShowHelp

6.2.1 "打开"对话框

"打开"对话框是当 Action 属性为 1 或用 ShowOpen 方法显示的通用对话框，供用户选择所要打开的文件。"打开"对话框并不能真正打开一个文件，它仅仅提供一个打开文件的用户界面，供用户选择所要打开的文件，打开文件的具体工作还要通过编程实现。

对于"打开"对话框，除了一些基本属性需要设置以外，还要对下列属性进行设置。

① FileName：文件名称属性，表示用户所要打开文件的文件名(包含路径)。

② FileTitle：文件标题属性，表示用户所要打开文件的文件名(不包含路径)。

③ InitDir：初始化路径属性，用来指定"打开"对话框中的初始目录，位于打开前。

④ Filter：过滤器属性，用于确定文件列表框中所显示文件的类型，位于打开前。该属性值可以是由一组元素或用"|"符号分别表示不同类型文件的多组元素组成。该属性的选项显示在"文件类型"列表框中。

⑤ FilterIndex：过滤器索引属性，整型，表示用户在文件类型列表框中选定了第几组文件类型，如果选定了文本文件，那么 FilterIndex 值等于 1，文件列表框只显示当前目录下的文本文件(*.txt)。位于打开前。

例 6.6   实现记事本中"文件"→"打开顺序文件"命令，打开一个文本文件。运行界面如图 6-8 所示。

分析：

① 在记事本中要实现"文件"→"打开顺序文件"命令，打开一个文本文件，首先选择"工程"→"部件"命令加载 Microsoft Common Dialog Control 6.0 部件，工具箱上出现通用对话框图标。然后在窗体上画出对话框 CommonDialog1。

图 6-8 打开顺序文件

② 设计程序界面并设置该控件属性，见表 6-5。

表 6-5 "打开"对话框的属性

对象名	属性	设置
Text1	MulitiLine	True
	ScrollBars	2-Vertical
CommonDialog1	FileName	*.Txt
	InitDir	C:\
	Filter	Text Files（*.Txt）|*.Txt|所有文件（*.*）|*.*
	FilterIndex	1

③ 在记事本中真正实现"文件"→"打开顺序文件"命令，打开一个文本文件，需要进一步通过编程来实现，有关文件的操作可参考第 7 章。事件过程代码如下：

```
Private Sub Open_Click()
  CommonDialog1.ShowOpen                   '利用 ShowOpen 显示打开对话框
  'CommonDialog1.Action = 1                 或设置 Action 属性显示打开对话框
  Text1.Text= ""
Open CommonDialog1.FileName For Input As #1 '打开文件进行读操作
  Do While Not EOF(1)
    Line Input #1, inputdata                        '读一行数据
    Text1.Text = Text1.Text + inputdata + vbCrLf
Loop
  Close #1                                        '关闭文件
End Sub
```

6.2.2 "另存为"对话框

"另存为"对话框是当 Action 属性为 2 或用 ShowSave 方法显示的通用对话框,供用户指定要保存文件的驱动器、文件夹、文件名和扩展名。"另存为"对话框并不能提供真正的存储文件操作,存储文件的具体操作还需要通过编程实现。

对于"另存为"对话框,涉及的属性基本上和"打开"对话框一样,独有一个属性是 DefaultExt,表示默认扩展名。

例 6.7 实现记事本中"文件"→"保存顺序文件"命令,保存一个文本文件。运行界面如图 6-9 所示。

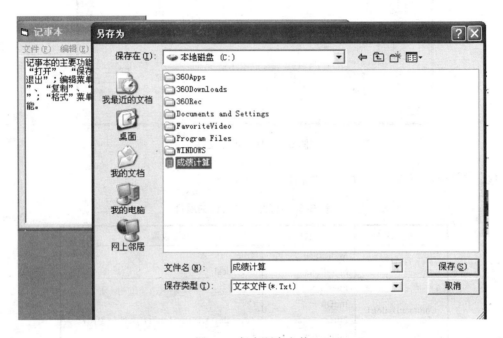

图 6-9 保存顺序文件

分析:

① 在记事本中要保存一个文件,首先需要在窗体上画出对话框 CommonDialog1。

② 在记事本中真正实现"文件"→"保存顺序文件"命令,保存一个文本文件,需要进一步通过编程来实现,有关文件的操作可参考第 7 章。事件过程代码如下:

```
Private Sub Save_Click()
   CommonDialog1.FileName = CommonDialog1.FileTitle   '设置默认文件名
   CommonDialog1.DefaultExt = "Txt"                    '设置默认扩展名
   CommonDialog1.Action=2                              '打开另存为对话框
   Open CommonDialog1.FileName For Output As #1        '打开文件
    Print #1, Text1.Text                               '写数据
    Close #1                                           '关闭文件
```

```
        MsgBox "文件另保存成功！", 64, "提示"
    End Sub
```

6.2.3　"颜色"对话框

"颜色"对话框是当 Action 为 3 或用 ShowColor 方法显示的通用对话框，供用户选择颜色。

对于颜色对话框，除了基本属性之外，还有一个重要属性 Color，它返回或设置选定的颜色。当用户在调色板中选中某颜色时，该颜色值赋予 Color 属性。

例 6.8　实现记事本中"格式"→"颜色"命令，运行界面如图 6-10 所示。

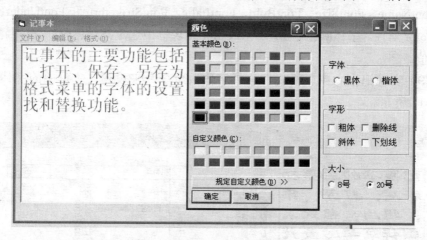

图 6-10　对话框中的颜色设置

分析：

① 要想实现记事本中"格式"→"颜色"命令，可以调用通用对话框。首先在窗体上创建一个通用对话框 CommonDialog1。

② 打开"颜色"对话框，事件过程如下：

```
    Private Sub Color_Click()
        CommonDialog1.Action = 3    '或 CommonDialog1.ShowColor 打开颜色对话框
        Text1.ForeColor = CommonDialog1.Color            '设置文本框前景颜色
    End Sub
```

6.2.4　"字体"对话框

"字体"对话框是当 Action 为 4 或用 ShowFont 方法显示的通用对话框，供用户选择字体。

"字体"对话框的主要属性如下。

① Flags 属性。在显示字体对话框之前必须设置 Flags 属性，否则将发生不存在字体的错误。Flags 属性可参见表 6-6 中的常数。常数 cdlCFEffects 不能单独使用，它应与其他

常数一起进行 "Or" 运算使用，因为它的作用仅仅是在对话框上附加删除线和下划线复选框及颜色组合框。

表 6-6 "字体" 对话框 Flags 属性设置值

常数	值	说明
cdlCFScreenFonts	&H1	显示屏幕字体
cdlCFPrinterFonts	&H2	显示打印机字体
cdlCFBoth	&H3	显示打印机字体和屏幕字体
cdlCFEffects	&H100	在 "字体" 对话框中显示删除线和下划线复选框及颜色组合框

② FontName、FontSize、FontBold、FontItalic、FontStrikethru 和 FontUnderLine 属性。

③ Color 属性。字体颜色。当用户在 Color 列表框中选定某颜色时，Color 属性值即为所选颜色值。

例 6.9 实现记事本中 "格式" → "字体" 命令，来设置文本框中的字体，运行界面如图 6-11 所示。

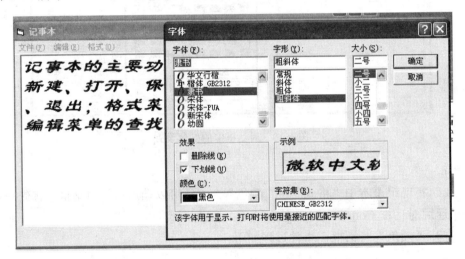

图 6-11 对话框中的字体设置

分析：

① 要想实现记事本案例中 "格式" → "字体" 命令，首先在窗体上创建一个通用对话框 CommonDialog1。

② 打开 "字体" 对话框，事件过程如下：

```
Private Sub Font_Click()
    CommonDialog1.Flags = cdlCFBoth Or cdlCFEffects
    CommonDialog1.Action = 4            '打开字体对话框
    Text1.FontName = CommonDialog1.FontName
    Text1.FontSize = CommonDialog1.FontSize
    Text1.FontBold = CommonDialog1.FontBold
```

```
        Text1.FontItalic = CommonDialog1.FontItalic
        Text1.FontStrikethru = CommonDialog1.FontStrikethru
        Text1.FontUnderline = CommonDialog1.FontUnderline
    End Sub
```

6.2.5 "打印"对话框

"打印"对话框是当 Action 为 5 或用 ShowPrinter 方法显示的通用对话框,"打印"对话框并不能处理打印工作,仅仅是一个供用户选择打印参数的界面,所选参数存于各属性中,再由编程进一步来处理打印操作。

"打印"对话框的主要属性:

① Copies(复制份数)属性:该属性为整型值,指定打印份数。

② FromPage(起始页号)属性:用于存放用户指定的打印起始页号。

③ ToPage(终止页号)属性:用于存放用户指定的打印终止页号。

例 6.10 实现记事本中"文件"→"打印"命令,打印文本框中的数据。

事件过程如下:

```
    Private Sub Print_Click()
      CommonDialog1.Action = 5  '或 CommonDialog1.ShowPrinter 打开"打印"对话框
      For i = 1 To CommonDialog1.Copies
    Printer.Print Text1.Text     '打印文本框中的内容,Printer 是系统对象,代表打印机
      Next i
      Printer.EndDoc              '结束文档打印
    End Sub
```

6.3 菜单设计

目前几乎所有的应用程序都提供了菜单,菜单是应用程序用户界面设计中常用的工具,是用户和应用程序进行交互操作的接口,使用户能够更方便、更直观地使用命令。

菜单有两种基本类型:下拉式菜单和弹出式菜单。例如,启动 VB 后,单击"文件"菜单所显示的就是下拉式菜单,而在窗体上单击鼠标右键打开的菜单为弹出式菜单。

6.3.1 菜单编辑器

在 VB 中可以非常方便地在应用程序的窗体上通过"菜单编辑器"来建立菜单。

在设计状态,选择"工具"菜单下的"菜单编辑器"命令,或者在窗体上单击右键,在弹出的快捷菜单中选择"菜单编辑器"命令,出现如图 6-12 所示的对话框,菜单设计将通过这个对话框来完成。

注意:菜单总是建立在窗体上的,所以只有当某个窗体为当前活动窗体时,才能打开菜单编辑器。

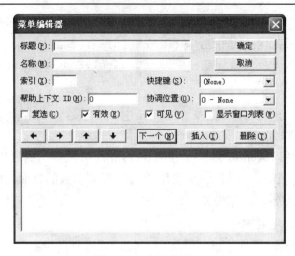

图 6-12　菜单编辑器

通过菜单编辑器可以指定菜单结构，设置菜单项的属性，每一个菜单项都是一个控件对象，只有 Click 事件。菜单项最重要的属性为：

① 标题(Caption)：用于设置应用程序菜单上出现的字符，它与控件的 Caption 属性类似。

② 名称(Name)：由用户输入菜单项的名称，它不会显示出来，在程序中用来标志该菜单项。

③ 快捷键(ShortCut)：用于为当前的菜单项指定一个快捷键，只要打开"快捷键"下拉列表框并选择一个快捷键，则菜单项标题的右边会显示快捷键名称，如"Ctrl+A"、"Ctrl+E"等。快捷键与热键类似，只是它不是用来打开菜单的，而是直接执行相应菜单项的操作。注意：不能给顶级菜单项加快捷键。

1．创建菜单项

① 在"标题"文本框中输入菜单项的标题文本。

② 在"名称"文本框中输入程序中要引用该菜单项的名称(类似于控件的 Name 属性)。

③ 单击"下一个"按钮或"插入"按钮，建立下一个菜单项。

④ 单击"确定"按钮，关闭"菜单编辑器"。

菜单项的属性设置与控件属性设置类似。

● 复选(Checked)：可使菜单项左边加上标记"√"，表示该菜单项是一个选项。

● 有效(Enabled)：决定菜单项是否可被选择。

● 可见(Visible)：决定菜单项是否可见。

菜单编辑器中的↓和↑按钮用于改变菜单项的位置，←和→按钮用于调整菜单项的层次。"…"表示该菜单项为下一级的菜单项。

2．热键

如果要通过键盘来访问菜单项，则可以为菜单项定义热键。热键是指使用 Alt 键和菜单项标题中的一个字符来打开菜单。建立热键的方法是在菜单标题的某个字符前加一个&符号，菜单项会在这一字符下面显示一个下划线，表示该字符是一个热键字符。例如，建立文件菜单 File，在标题文本框内输入&File，程序执行时按 Alt+F 键就可以选择 File 菜单项。

程序运行时，对于主菜单标题，同时按 Alt 键和该字母就可以打开其子菜单；对于已经打开的子菜单，直接按下该字母键就可以访问该菜单项或命令。

3．分隔菜单项

如果设计的下拉菜单要分成若干组，则需要有分界符进行分隔，可以在建立菜单时在标题文本框中输入一个连字符"–"（减号），那么菜单显示时会形成一个分隔符。

6.3.2　下拉式菜单

例 6.11　编写程序实现记事本的"文件"、"编辑"和"格式"菜单，窗体如图 6-13 所示。

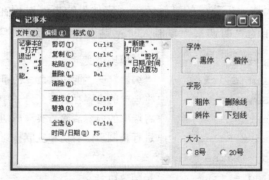

图 6-13　记事本的菜单设计

分析：

① 首先设计菜单，在设计状态，打开"菜单编辑器"对话框，如图 6-14 所示，对每一个菜单项输入标题、名称并选择相应的快捷键，如表 6-7 所示。

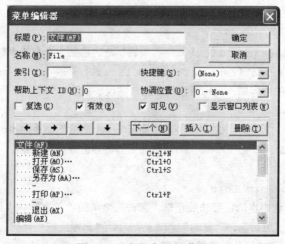

图 6-14　为程序添加菜单

表 6-7　记事本的菜单结构

标题	名称	快捷键	标题	名称	快捷键	标题	名称	快捷键
文件(&F)	File		编辑(&E)	Edit		格式(&O)	Format	
…新建(&N)	New	Ctrl+N	…剪切(&C)	Cut	Ctrl+X	…字体(&F)	Font	
…打开(&O)	Open	Ctrl+O	…复制(&C)	Copy	Ctrl+C	…颜色(&C)	Color	Ctrl+R
…保存(S)	Save	Ctrl+S	…粘贴(&P)	Paste	Ctrl+V			
…—	Bar1		…删除(&L)	Delete	Del			
…打印(&P)	Print	Ctrl+P	…清除(&R)	Clear				
…—	Bar2		…—	Bar3		…—	Bar4	
…退出(X)	Exit		…查找(&F)	Find	Ctrl+F	…全选(&A)	AllSearch	Ctrl+A
			…替换(&R)	Replace	Ctrl+H	…时间	TimeDate	F5

② 在菜单建立以后，还需要相应的事件过程。"文件"菜单的"打开顺序文件"、"保存顺序文件"、"打印"和"格式"菜单的"颜色"、"字体"的事件过程在前面已经介绍过了，下面编写实现"编辑"菜单的"剪切"、"复制"、"粘贴"和"删除"的事件过程，代码如下：

```
Public s As String            '定义模块级变量 s
Private Sub Cut_Click()       '"编辑"→"剪切"命令的事件过程
  s = Text1.SelText           '将选中的内容存放到变量 s 中
  Text1.SelText = ""          '将选中的内容清除，实现剪切
  Copy.Enabled = False        '进行复制后，剪切和复制按钮无效
  Cut.Enabled = False
  Paste.Enabled = True        '粘贴按钮有效
End Sub
Private Sub Copy_Click()      '"编辑"→"复制"命令的事件过程
  s = Text1.SelText           '将选中的内容存放到变量 s 中
  Copy.Enabled = False
  Cut.Enabled = False
  Paste.Enabled = True
End Sub
Private Sub Paste_Click()  '"编辑"→"粘贴"命令的事件过程
Text1.Text = Left(Text1, Text1.SelStart) + s+ Mid(Text1, Text1.SelStart
+ 1) '将变量 s 中的内容插入光标所在的位置，实现了粘贴
End Sub
Private Sub Delete_Click()'"编辑"→"删除"命令的事件过程
  Text1.SelText = ""          '将选中的内容清除，实现删除
End Sub
Private Sub Form_Load()
    Text1 = "记事本的主要功能包括"文件"菜单的"新建"、"打开"、"保存"和"退
出"；编辑菜单的 "剪切"、"复制"、"粘贴"、"删除"、"查找"和"日期/时间"；"格
式"菜单的"字体"和"颜色"等设置功能。"
```

```
End Sub
Private Sub New_Click()          ' "新建" 菜单项的事件过程
   Text1.Text=""
End Sub
```

6.3.3 弹出式菜单

弹出式菜单是用户在某个对象上单击右键所弹出的菜单。

显示弹出式菜单所使用的方法是 PopupMenu。当使用 PopupMenu 方法时,它忽略 Visible 的设置。该方法的使用形式如下:

[对象.]PopupMenu 菜单名[,标志参数,X,Y]

其中,菜单名是必需的,是通过 "菜单编辑器" 设计的,至少包含一个子菜单的菜单;X、Y 是指定弹出式菜单显示的位置;标志参数可进一步定义弹出菜单的位置和性能,它可采用表 6-8 中的值。

表 6-8 用于描述弹出式菜单位置的参数

分类	常数	值	说明
位置	vbPopupMenuLeftAlign	0	X 位置确定弹出菜单的左边界(默认)
	vbPopupMenuCenterAlign	4	弹出菜单以 X 为中心
	vbPopupMenuRightAlign	8	X 位置确定弹出菜单的右边界
性能	vbPopupMenuLeftButton	0	只能用鼠标左键触发弹出菜单(默认)
	vbPopupMenuRightButton	2	能用鼠标左键和右键触发弹出菜单

可以选择位置值和性能值,将其用 Or 运算符组合。结合 MouseDown 或 MouseUp 可以选择位置值和性能值,将其用 Or 运算符组合。结合 MouseDown 或 MouseUp 事件过程使用 PopupMenu 方法。

例 6.12   为例 6.11 中的记事本配置如图 6-15 所示的 "编辑" 菜单的弹出式菜单。

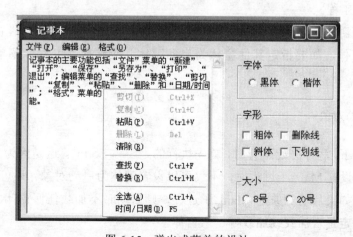

图 6-15 弹出式菜单的设计

分析：

当用鼠标右键单击窗体时，能弹出"编辑"菜单中的菜单项，并以鼠标指针坐标(X, Y)为弹出式菜单的中心。

事件过程代码如下：

```
Private Sub Form_MouseDown(Button As Integer, Shift As Integer, x As Single,
Y As Single)
    If Button = 2 Then PopupMenu Edit, vbPopupMenuCenterAlign
    ' Button = 2 表示单击鼠标右键，vbPopupMenuCenterAlign 指定弹出式菜单的位置
End Sub
```

6.4 多重窗体

到现在为止，我们创建的应用程序都是只有一个窗体的简单程序。在实际应用中，特别是对于较复杂的应用程序，例如在记事本中，单一窗体不能满足需要，必须通过多个窗体来实现，这就要用到多重窗体(Multi-Form)。在多重窗体中，每个窗体可以有自己的界面和程序代码，分别完成不同的功能。

1. 添加窗体

可以选择"工程"→"添加窗体"命令或者将一个属于其他工程的窗体添加到当前工程中，这是因为每一个窗体都是以独立的 FRM 文件保存的。

在添加一个已有的窗体到当前工程中时，有两个问题需要注意：

① 一个工程中所有窗体的名称(Name 属性)都应该是不同的，即不能重名。所以要注意添加的已有窗体名称是否与工程中现有窗体的名称冲突。

② 添加的已有窗体实际是被多个工程所享有的，因此对该窗体所做的改变会影响到共享该窗体的所有工程。

在拥有多个窗体的应用程序中，要有一个启动窗体。系统默认原缺省窗体名为 Form1 的窗体为启动窗体，如要指定其他窗体为启动窗体，应选择"工程"菜单中的"属性"命令。

2. 设置启动对象

在默认情况下，程序开始运行时，首先执行的是窗体 Form1，这是因为系统默认 Form1 为启动对象。当设置 Main 子过程时，不仅可以设置窗体为启动对象，还可以设置 Main 过程为启动对象。如果启动对象是 Main 子过程，则启动时不加载任何窗体，以后由该过程根据不同情况决定是否加载或加载哪一个窗体。

注意：Main 子过程必须放在标准模块中，绝对不能放在窗体模块内。

3．有关窗体的语句和方法

当一个窗体要显示在屏幕上时，该窗体必须先"建立"，接着被装入内存(Load)，最后显示(Show)在屏幕上。同样，当窗体暂时不需要时，可以从屏幕上隐藏(Hide)，直至从内存中删除(Unload)。

有关窗体的语句和方法如下。

(1) Load 语句

该语句把一个窗体装入内存。执行 Load 语句后，可以引用窗体中的控件及各种属性，但此时窗体没有显示出来。其形式如下：

```
Load 窗体名称
```

在首次用 Load 语句将窗体调入内存时，会依次触发 Initialize 和 Load 事件。

(2) Unload 语句

该语句与 Load 语句的功能相反，它从内存中删除指定的窗体。其形式如下：

```
Unload 窗体名称
```

Unload 的一种常见用法是 Unload Me，其意义是关闭窗体自己。在这里，关键字 Me 代表 Unload Me 语句所在的窗体。

在用 UnLoad 语句将窗体从内存中卸载时，会触发 UnLoad 事件。

(3) Show 方法

该方法用来显示一个窗体，它兼有加载和显示窗体两种功能。也就是说，在执行 Show 方法时，如果窗体不在内存中，则 Show 方法自动把窗体装入内存，然后显示出来。其形式如下：

```
[窗体名称].Show [模式]
```

其中，"模式"用来确定窗体的状态，有 0 和 1 两个值。若"模式"为 1，表示窗体是"模式型"(Modal)，用户无法将鼠标移到其他窗口，即只有在关闭该窗体后才能对其他窗体进行操作。如 Office 软件中"帮助"菜单的"关于"命令所打开的对话框。若"模式"为 0，表示窗体是"非模式型"(Modeless)，可以对其他窗体进行操作。如"替换"对话框就是一个非模式对话框的实例。"模式"默认值为 0。"窗体名称"省略时为当前窗体。

当窗体成为活动窗体时，触发窗体的 Activate 事件。

(4) Hide 方法

该方法用来将窗体暂时隐藏起来，并没有从内存中删除。其形式如下：

```
[窗体名称.]Hide
```

其中，窗体名称省略时为当前窗体。

4．不同窗体间数据的访问

在多重窗体程序中，不同窗体之间可以相互访问。两个窗体之间访问有下列三种情况。

① 一个窗体直接访问另一个窗体上的数据。

一个窗体可以直接访问另一个窗体上控件的属性，形式为：

另一个窗体名称.控件名.属性

例如，假定当前窗体为 Form1，可以将 Form2 窗体上 Text2 文本框中的数据直接赋值给 Form1 中的 Text1 文本框，实现的语句为：

```
Text1.Text=Form2.Text2.Text
```

② 一个窗体直接访问在另一个窗体上定义的全局变量，访问形式为：

另一个窗体名称.全局变量名

③ 在模块中定义公共变量，实现相互访问。

5. 多重窗体应用程序的开发过程

① 创建每一个窗体及其控件对象，并设置相关的属性。

② 为每一个窗体及其控件对象编写相应的事件过程代码。

③ 设置运行程序时的启动窗体，运行应用程序。

④ 保存每一个窗体和工程文件。

例 6.13 在例 6.11 的基础上，利用多重窗体实现记事本中的查找功能。窗体 Notepad 为该记事本的主窗体，FrmFind 为查找窗体。运行界面如图 6-16 所示。

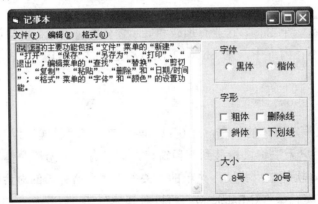

(a) 主窗体 Notepad

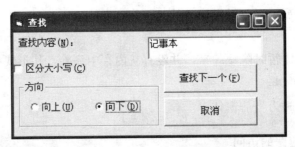

(b) 查找窗体 FrmFind

图 6-16　多重窗体的使用

分析：

① 首先在"记事本"工程中选择"工程"菜单中的"添加窗体"命令或工具栏上的添加窗体按钮来创建 1 个新窗体 FrmFind。

② 然后在 Notepad 主窗体的"编辑"菜单中单击"查找"，调用查找窗体 FrmFind，使用的是 Show 方法，事件过程代码如下：

```
Private Sub Find_Click()  'Find 为"查找"菜单项的名称
    FrmFind.Show
End Sub
```

③ 查找窗体 FrmFind 中的事件过程同例 6.2 基本相同，区别是把例 6.2 中所有的 Text1 改为 Notepad.Text1。

④ 在记事本中有"记事本"（Notepad）窗体和"查找"（FrmFind）窗体，要启动 Notepad 窗体，应选择"工程"→"属性"命令，选择 Notepad 为启动对象，如图 6-17 所示。

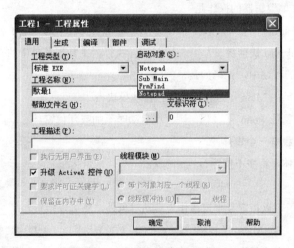

图 6-17 "工程属性"对话框

习题 6

一、选择题

1. 当单选钮的 Value 属性为（　　）时，表示该单选钮被选中。

A. True　　　　　B. Enable　　　　　C. Checked　　　　　D. Click

2. 当一个复选框被选中时，它的 Value 属性的值是（　　）。

A. 3　　　　　　B. 2　　　　　　　C. 1　　　　　　　D. 0

3. 下列控件中没有 Caption 属性的是（　　）。

A. 框架　　　　　B. 列表框　　　　　C. 复选框　　　　　D. 单选钮

4. 将数据项"China"添加到列表框 List1 中成为第 2 项应使用（　　）语句。

A．List1.AddItem "China",1　　　　　　B．List1.AddItem "China", 2

C．List1.AddItem 1, "China"　　　　　　D．List1.AddItem 2, "China"

5．引用列表框 List1 最后一个数据项，应使用（　　）语句。

A．List1.List（List1.ListCount）　　　　B．List1.List（ListCount）

C．List1.List（List1.ListCount-1）　　　D．List1.List（ListCount-1）

6．设组合框 Combo1 中有 3 个项目，则以下能删除最后一项的语句是（　　）。

A．Combo1.RemoveItem Text　　　　　　B．Combo1.RemoveItem 3

C．Combo1.RemoveItem 2　　　　　　　D．Combo1.RemoveItem Combo1.Listcount

7．清除列表框中所有列表项使用的方法是（　　）。

A．Clear　　　　B．Cls　　　　　　C．Release　　　　D．Move

8．滚动条控件的滑块在滚动条所处位置的值由滚动条的（　　）属性表示。

A．Change　　　B．LargeChange　　　C．Value　　　　D．SmallChange

9．下列不能打开菜单编辑器的操作是_____。

A．按 Ctrl+E 快捷键　　　　　　　　B．单击工具栏中的"菜单编辑器"按钮

C．按 Shift + Alt + M 快捷键　　　　　D．执行"工具"菜单中的"菜单编辑器"命令

10．关于多重窗体的叙述中，正确的是 _____。

A．作为启动对象的 Main 子过程只能放在窗体模块内

B．如果启动对象是 Main 子过程，则程序启动时不加载任何窗体，以后由该过程根据不同情况决定是否加载哪一个窗体

C．没有启动窗体，程序不能运行

D．以上都不对

11．在 VB 中，除了可以指定某个窗体作为启动对象外，还可以指定_____作为启动对象。

A．事件　　　　B．Main 子过程　　　C．对象　　　　D．菜单

12．在 Visual Basic 中，要将一个窗体从内存中释放，应使用（　　）语句。

A．Show　　　　B．Hide　　　　　　C．Load　　　　D．Unload

二、填空题

1．组合框是将文本框和列表框的特性组合在一起而形成的一种控件。_____风格的组合不允许用户输入列表框中没有的选项。

2．滚动条响应的重要事件有_____和 Change。当用户单击滚动条的空白处时，滑块移动的增量由_____属性决定。

3．如果要求每隔 15 s 产生一个 Timer 事件，则 Interval 属性应设置为_____。

4．假定有一个通用对话框 CommonDialog1，除了用 CommonDialog1.Action=3 显示"颜色"对话框外，还可以用_____方法显示。

5．建立热键的方法是在菜单标题的某个字符前加一个_____符号，在菜单中这一字符会自动加上下划线，表示该字符是一个热键。

6．如果把菜单的_____属性设置为 True，则该菜单项将成为一个选项。

7. 如果在建立菜单时，在标题文本框中输入一个＿＿＿＿，那么菜单显示时，形成一个分割线。

8. 不管是在窗口顶部的菜单栏上显示菜单还是隐藏菜单，都可以用＿＿＿＿方法把它们作为弹出菜单，在程序运行期间显示出来。

三、程序设计

1. 编写一应用程序，实现对文本框中的文本按照用户选择的字体、字号、字形、字体颜色进行设置，其中字号使用滚动条实现其变化，其余使用复选框或单选钮进行设置。

2. 编写一应用程序，将用户输入的学生的学号、姓名、专业添加到列表框中，并且可以从列表框中将不需要的项目删除或清空列表框，其中，专业可使用组合框来设置。

3. 设计一个类似于 Windows 操作系统的滚动屏幕保护程序。要求用一个时钟控件和一个滚动条调节和控制其滚动速度，文字的大小及距窗体顶端的距离是随机的，从右向左连续滚动。提示：FontSize 属性不能为 0，可以用 Int(1+Rnd*30) 产生一个介于 1 到 30 之间的整数来作为字体的大小。

4. 设计菜单程序。在菜单栏中有"程序"和"附件"两个菜单。其中"程序"菜单中包含有 Word、Excel 和 PowerPoint 三个选项。"附件"菜单中包含有"画图"和"游戏"两个菜单项，"游戏"子菜单中又包含"空当接龙"和"扫雷"两个菜单项。当用户选择了"程序"或"附件"中的某一选项时，能启动相应的程序。

第7章　数据文件

在以前的各章中，所用到的是变量和数组来存取数据，这些存储在变量或数组中的数据并不能长期保存，因为退出应用程序时，变量和数组会释放所占有的存储空间。若要长期保存，需要将数据保存在文件或数据库中。因此，处理数据文件和数据库是程序员必须要掌握的两个基本技术。

本章围绕一个类似记事本的案例进行讲解，首先介绍文件概述，然后围绕该案例重点介绍顺序文件、随机文件和二进制文件，第9章将介绍数据库访问技术。

7.1　文件概述

要实现记事本中"文件"菜单的"打开"和"保存"功能，需要使用 VB 中的读写文件功能来实现。运行界面如图 7-1 所示。

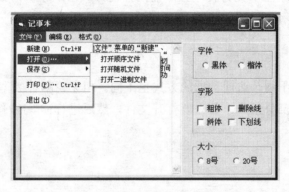

图 7-1　记事本中"文件"菜单运行界面

文件是存储在外存储器(如磁盘)上的用文件名标志的数据集合，是一种可以永久性存储数据的形式。通常情况下，计算机处理的大量数据都是以文件的形式存放的，操作系统也是以文件为单位对数据进行管理的。所有文件都有文件名，文件名是文件存在的标志。把数据写入文件或从文件中读取数据，计算机都是先根据文件名找到指定的文件，然后再执行读写操作。

为了迅速有效地存取数据，文件必须以某种特定方式组织其中的数据，这种方式称为文件结构。从文件结构上看，文件由记录组成，记录是计算机处理数据的基本单位，通常由若干个相互关联的数据项组成。例如，在学生成绩管理系统中，每个学生的信息(如学号、姓名、课程名、成绩等数据项)组成了一条记录。

1．文件的分类

① 按文件的内容分类：分为数据文件和程序文件。程序文件存储的是程序，包括源程序和可执行程序，例如 VB 工程中的窗体文件(.frm)、可执行文件(.exe)等都是程序文件。数据文件存储的是程序运行所需要的各种数据，例如文本文件(.txt)、Word 文档(.doc)等都是数据文件。

② 按存储信息的形式分类：分为 ASCII 文件和二进制文件。ASCII 文件存放的是各种数据的 ASCII 代码，可以用记事本打开；二进制文件存放的是各种数据的二进制代码，不能用记事本打开，必须用专门程序打开。

③ 按访问模式分类：分为顺序文件、随机文件和二进制文件。

- 顺序文件：要求按顺序访问。顺序文件的优点是结构简单，访问模式简单，用它处理文本文件比较方便，缺点是必须按顺序访问，因此不能同时进行读、写两种操作。
- 随机文件：记录长度相同，根据记录号可直接访问任意记录，不必从头开始，优点是存取速度快，更新简便。
- 二进制文件：文件以二进制形式进行编码保存。从访问模式看，二进制文件是最原始的文件类型，它是由一系列字节所组成，没有固定的格式，只是要求以字节为单位定位数据的位置，允许程序按所需的任何方式组织和访问数据。这类文件的灵活性最大，但是编程工作量也最大。

2．文件的组成

一般文件的类型不同，访问数据的方式也不同。但无论哪种类型的文件，基本处理数据文件的程序都由三部分组成：首先要打开文件，然后进行读/写操作，最后关闭文件。

7.2　顺序文件

顺序文件是最常用的一种文件类型，它是按顺序依次把记录写入/读出的文件，其结构和访问模式简单，但必须按顺序访问，不能同时进行读、写两种操作。读顺序文件时，通常按文本文件来处理，即一行一行地读或一个字符一个字符地读。写顺序文件时，各种类型的数据自动转换为 ASCII 字符。所以，从本质上来讲，顺序文件其实就是 ASCII 文件，可以用记事本打开。

7.2.1　打开顺序文件

在对文件进行操作之前，必须先打开文件，同时通知操作系统对文件所进行的操作是读出数据还是写入数据。打开文件的语句是 Open，其常用形式如下：

文件名 For 模式 As [#]文件号

其中：

① 文件名可以是字符串常量，也可以是字符串变量，其中包含完整的路径名称。

②"模式"为下列三种形式之一。

Output：对文件进行写操作。若文件已经存在，则文件中所有内容将被清除。

Input：对文件进行读操作。

Append：在文件末尾追加记录。

③ 文件号是一个介于 1～511 之间的整数。当打开一个文件并指定了一个文件号后，该文件号就代表了该文件，直到文件被关闭，此文件号才可以被其他文件使用。在复杂的应用程序中，可以利用 FreeFile 函数获得可利用的文件号，以免使用相同的文件号。

例如，如果要打开 C:\根目录下一个文件名为"成绩.Txt"的文件，供写入数据，指定文件号为#1，则语句为：

```
Open "C:\ 成绩.Txt " For Output As #1   '指定文件号为 1
```

如果要使用 FreeFile 函数获得文件号，则语句为：

```
FileNo=FreeFile()                        '用 FreeFile 函数获取文件号并送入变量 FileNo
Open "C:\ 成绩.Txt " For Output As FileNo       '指定文件号为 FileNo
```

7.2.2 写顺序文件

以 Output 或 Append 方式打开顺序文件后，可以使用 Print # 或 Write #命令将数据写入文件中。其形式如下：

① Write # 文件号，[输出列表]

② Print # 文件号，[输出列表]

"输出列表"一般是指[{Spc(n)|Tab(n)}][数值或字符串表达式][;|,]。二者的区别在于 Write 输出的数据以紧凑格式存放，数据项之间以符号"，"分隔，并给字符串加上双引号。

例 7.1 实现记事本中"文件"→"保存顺序文件"功能，将学生的学号、姓名、课程名和成绩保存到"C:\成绩.Txt"。

分析：

① 设计界面，在窗体上建立对话框控件 CommonDialog1。

② 在记事本中真正实现"文件"→"保存顺序文件"功能，保存"成绩.Txt"文件，需要进一步通过编程来实现。事件过程代码如下：

```
Private Sub SaveSequenceFile _Click()
CommonDialog1.FileName = CommonDialog1.FileTitle '设置默认文件名
    CommonDialog1.DefaultExt = "Txt"                '设置默认扩展名
    CommonDialog1.Action = 2                         '打开"另存为"对话框
    Open CommonDialog1.FileName For Output As #1     '打开 1 号文件供写入数据
        Write #1, "学号", "姓名", "高数", "英语", "VB"
        Write #1, "11301", "王松", 80, 50, 70  '写入第一个学生的成绩
```

```
      Write #1, "11302", "姚宇", 70, 80, 90   '写入第二个学生的成绩
      Close #1                                        '关闭 1 号文件
    MsgBox "文件保存成功！", 64, "提示"
  End Sub
```

程序运行后 Write 语句写入的文件如图 7-2 所示。

图 7-2　Write 语句写入的文件

③ 如果把 Write 改为 Print 语句，则各数据项间相隔 14 列，并且"成绩.Txt"文件中的字符串类型的数据项没有双引号。Print 语句写入的文件如图 7-3 所示。

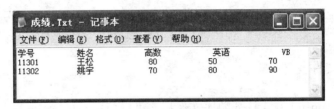

图 7-3　Print 语句写入的文件

7.2.3　读顺序文件

要从顺序文件中读入数据到内存变量中，以供处理，则必须使用 Input 方式打开顺序文件，然后用下列语句和函数读取数据。

① `Input #文件号, 变量列表`

从打开的顺序文件中读出数据并将数据赋给变量列表中的变量。

② `Line Input #文件号, 字符串变量`

说明：读出一行数据，读出的数据中不包含回车换行符。

③ `Input(每次读的字符个数 n, [#]文件号)`

功能：Input 函数从打开的文件中读取指定的字符个数。

Input 函数与 Input#语句不同，Input 函数返回所读出的所有字符，包括逗号、双引号、回车换行符、引号和前导空格等，Input#语句则把逗号、回车符等当做数据分隔符对待，而不读出。

④ `EOF(文件号)`

EOF 函数测试文件指针是否到文件末尾,避免因试图在文件结尾处进行读而产生错误。到达文件末尾时，EOF 函数返回 True，否则返回 False。

EOF 函数可以适用于随机文件和二进制文件。对于随机文件和二进制文件，当最近一次执行的 Get 语句无法读到一个完整记录时，EOF 函数返回 True，否则返回 False。

⑤ LOF(文件号)

LOF 函数测试文件的字节数。例如，LOF(1)返回 1 号文件的长度，如果返回 0，则表示该文件是一个空文件。

在应用时需要注意的是，LOF 函数返回的是以字节为单位的文件大小，不是所包含的字符数。假如一个文件的内容是"2006 年东华理工大学成立 50 周年"，LOF 函数的值为 28，实际只有 17 个字符。

⑥ FreeFile[(范围)]

FreeFile 函数提供一个尚未被占用的文件号。参数"范围"可以是 0 或 1，表示文件号的范围。FreeFile 或 FreeFile(0)返回 1～255 之间尚未使用的文件号；FreeFile(1)返回 256～511 之间尚未使用的文件号。

7.2.4 关闭顺序文件

当结束各种读写操作以后，还必须要将文件关闭，否则会造成数据丢失等现象。因为实际上 Print#或 Write#语句是将数据送到缓冲区，关闭文件时才将缓冲区数据全部写入文件。关闭文件所用的语句是 Close，其形式如下：

```
Close( [[#]文件号] [,[#]文件号])…
```

例：Close(1)为关闭 1 号文件。

如果省略了文件号，Close 语句将关闭所有已经打开的文件。

例 7.2 实现记事本"文件"→"打开顺序文件"命令，将例 7.1 生成的"C:\成绩.Txt"中的数据读入内存并显示在文本框中。运行界面如图 7-4 所示。

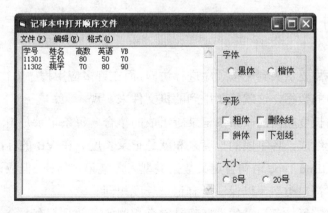

图 7-4　打开顺序文件

分析：

利用 Line Input #1 语句从文件中读出一行数据，并将读出的数据赋给指定的字符串变量。读出的数据中不包含回车符及换行符。事件过程代码如下：

```
Private Sub OpenSequenceFile _Click()
    Dim Data                              '定义 Data 变量，用于存放读出的数据
    CommonDialog1.ShowOpen                '利用 ShowOpen 显示"打开"对话框
    Text1.Text = ""
    Open CommonDialog1.FileName For Input As #1  '打开成绩文件进行读操作
    Do While Not EOF(1)                   '判断 1 号文件是否结束，若不结束则继续
        Line Input #1, Data               '从 1 号文件中读一行数据送入变量 Data 中
        Text1 = Text1 & Data & vbCrLf     '将读出的一行数据添加到文本框末尾
    Loop
    Close #1                              '关闭文件
End Sub
```

总结：

① 不管是将数据写入顺序文件，还是从顺序文件中读出数据，打开文件都是使用 Open 语句，只是模式不同。

② 顺序文件是文本文件，各种类型的数据写入文件时被自动转换为字符串。例如，成绩是整型数据，写入顺序文件时就被转换为字符串。

③ 顺序文件中的数据通常有两种处理方法：一是按原来的数据类型读出，然后进行各种处理；二是当做文本文件进行处理。

④ 为了将文件中的数据按原有数据类型读出，所以定义了变量，每一行的五个数据读出后送入相应的变量。

⑤ 读/写文件结束后，要使用 Close 语句将文件关闭，否则会发生数据丢失的现象。

7.3 随机文件

访问顺序文件需要从头到尾按顺序进行访问，而在许多应用程序中往往要求能够直接、快速地访问文件中的数据，这就需要用到随机文件来实现。

随机文件是由长度相同的一条条记录所组成的集合。每条记录是由若干不同数据类型和相同长度的字段组成，各字段的长度之和就是记录长度。在 VB 的标准模块中，用户通常可以利用 Type…End Type 语句自定义数据类型来定义记录结构，但应该注意字符串字段必须定义为定长字符串类型，以保证所有记录长度相同。

在随机文件中，每一条记录的长度都是完全相同的，并且都有一个记录号，可以根据记录号计算出记录在文件中的存储位置，因此可以随机访问，即按记录号直接读/写。需要注意的是，记录与记录之间没有特殊的分隔符号，也没有记录号。

7.3.1　随机文件的创建、打开和关闭

1．随机文件的创建

访问随机文件的程序框架由 4 部分组成：

① 定义记录类型及其变量。

② 打开随机文件。

③ 将记录写入随机文件，或者从随机文件读出记录。

④ 关闭随机文件。

2．随机文件的打开

```
Open 文件名 For Random As #文件号 [Len=记录长度]
```

① 文件名可以是字符串常量，也可以是字符串变量，其中包含完整的路径名称。

② 记录长度：用于指定随机文件中每条记录的长度，默认值是 128 个字节，也可以用 Len 函数获得记录长度。

③ 随机文件打开后，可以同时进行写入与读出操作。

3．关闭随机文件

```
Close([#]文件号)
```

7.3.2　随机文件的读写

```
Put [#]文件号，[记录号]，变量名
```

将一个记录变量的内容，写入所打开的磁盘文件中指定的记录位置处。如果忽略记录号，则在当前记录后写入一条记录。

```
Get [#]文件号，[记录号]，变量名
```

将指定的记录内容读入记录变量中。如果忽略记录号，则表示读出当前记录后的一条记录。

　　例 7.3　实现记事本"文件"菜单的"打开随机文件"和"保存随机文件"功能。运行界面如图 7-5 所示。

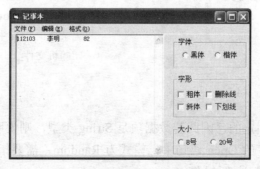

图 7-5　打开和保存随机文件

分析：

① 首先添加标准模块，在其中定义记录类型及变量，代码如下：

```
Type StudType        '开始定义记录类型 StudType
SNo As String * 6  '记录长度是固定的，若数据项是 String 类型，则声明时要指定其长度
SNa As String * 8  'SNo 用于存放学号，长度为 6；SNa 存放姓名，长度为 8，最多 4 个汉字
SMa As Integer      'SMa 用于存放成绩
End Type             '记录类型 StudType 定义结束
Public Stu As StudType
```

② 将 3 个学生的记录写入随机文件，事件过程代码如下：

```
Private Sub SaveRandomFile_Click()  '实现保存随机文件功能
Open "D:\student.dat" For Random As #1 Len = Len(Stu)  '打开随机文件 student.dat
Stu.SNo = "112101"                  '将数据赋给记录变量
Stu.SNa = "张玉"
Stu.SMa = 71
Put #1, 1, Stu                      '将数据写入 1 号文件，记录号为 1
Stu.SNo = "112103"                  '将数据赋给记录变量
Stu.SNa = "李明"
Stu.SMa = 82
Put #1, 3, Stu                      '将数据写入 1 号文件，记录号为 3
Stu.SNo = "112104"                  '将数据赋给记录变量
Stu.SNa = "王兰"
Stu.SMa = 93
Put #1, 4, Stu                      '将数据写入 1 号文件，记录号为 4
Close #1                            '关闭随机文件
End Sub
```

③ 从随机文件 D:\student.dat 中读出记录并显示在记事本中，事件过程代码如下：

```
Private Sub OpenRandomFile_Click()'实现打开随机文件功能
Open "D:\student.dat" For Random As #1 Len = Len(Stu)  '打开文件供添加数据
    Get #1, 3, Stu                 '从 1 号文件读出第 3 条记录
Text1.Text = Stu.SNo & Space(2) & Stu.SNa & Space(2) & Stu.SMa
                                    '将记录变量 Stu 中的数据在记事本中输出
Close #1                            '关闭随机文件
End Sub
```

总结：

① 记录的长度是固定的，因此若数据项是 String 类型，则说明时要指定其长度。

② 在打开随机文件的 Open 语句中，模式为 Random，需要指定记录长度。随机文件一旦打开，可以同时进行读/写操作。

③ 读/写随机文件所有的语句是 Get 和 Put。

④ 随机文件中有 4 条记录，其中第 2 条记录是空的，存储位置仍然保留。

7.4 二进制文件

任何文件都可以当做二进制文件来处理。二进制文件与随机文件很类似，读写语句也是 Get 和 Put，区别在于二进制模式的访问单位是字节，而随机模式的访问单位是记录。如果把二进制文件中的每一个字节看做一条记录，则二进制文件就成了随机文件。

在二进制文件中，可以把文件指针移到文件的任何地方。文件刚刚被打开时，文件指针指向第一个字节，以后随着文件处理命令的执行而移动。二进制文件与随机文件一样，文件一旦打开，可以同时进行读/写操作。

打开二进制文件：

```
Open 文件名 For Binary As #文件号
```

例如：

```
Open "C:\Stud.Dat" For Binary As # 1
```

例 7.4 实现记事本"文件"菜单的打开和保存二进制文件功能。运行界面如图 7-6 所示。

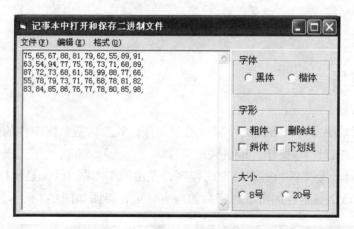

图 7-6 打开和保存二进制文件

分析：

① 设计界面建立一个对话框 CommonDialog1，用于打开一个二进制文件，然后进行读二进制文件操作，事件过程代码如下：

```
Dim Char As Byte, PaFi1$, PaFi2$          '窗体的"通用"声明段中定义变量
Private Sub OpenBinaryFile_Click()
  CommonDialog1.ShowOpen
```

```
        Open CommonDialog1.FileName For Binary As #2     '打开二进制文件
        Do While Not EOF(2)
          Get #2, , Char                                  '从源文件中读出一个字节
          Text1 = Text1 & Chr(Char)                       '将读出的数据在文本框中显示
        Loop
        Close #2                                          '关闭二进制文件
      End Sub
```

② 写二进制文件，实际上完成了文件的复制功能，即保存二进制文件。

```
      Private Sub SaveBinaryFile_Click()
        CommonDialog1.ShowOpen
        PaFi1 = CommonDialog1.FileName
        Open PaFi1 For Binary As #1                       '打开源文件
        CommonDialog1.ShowOpen
        PaFi2 = CommonDialog1.FileName
        Open PaFi2 For Binary As #2                       '打开目标文件
        Do While Not EOF(1)
          Get #1, , Char                                  '读源文件一个字节
          Put #2, , Char                                  '写一个字节到目标文件
        Loop
        Close #1                                          '关闭源文件
        Close #2                                          '关闭目标文件
      End Sub
```

7.5 综合应用

本章介绍了顺序文件、随机文件和二进制文件。处理这些数据文件的步骤为：首先要打开文件，然后进行读/写操作，最后关闭文件。

例 7.5 设计一个文件加密和解密的程序。左边的文本框 Text1 显示打开的文件内容，右边的文本框 Text2 显示经加密或解密后的内容。运行界面如图 7-7 所示。

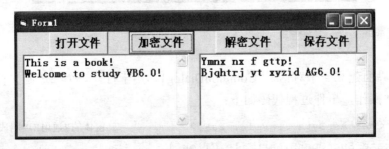

图 7-7 文件加密/解密运行界面

分析:

① 设计界面建立一个对话框 CommonDialog1,用于打开一个文件,然后进行读文件操作,事件过程代码为:

```
Private PaFi$, Jm$, n&              '通用声明段声明的变量
Private Sub Command1_Click()
  CommonDialog1.Filter = "文本文件|*.txt"
  CommonDialog1.ShowOpen
  PaFi = CommonDialog1.FileName
  Open PaFi For Input As #1
  Text1 = "": S = "": i = 0
  Do While Not EOF(1)
    a = Input$(1, #1)
    S = S & a
  Loop
  Close #1
  Text1 = S
End Sub
```

② 在当今信息社会,信息的安全性得到了广泛的重视,信息加密是一项安全性的措施之一。信息加密有各种方法,最简单的加密方法是:将每个字母加一序数,该序数称为密钥。例如,序数 5,这时 "A" → "F"、"a" → "f" … "y" → "d"、"Z" → "E"。加密事件过程代码为:

```
Private Sub Command2_Click()
  Jm = "": n = Len(Trim(Text1)) : S = Trim(Text1)
  For i = 1 To n
    C = Mid(S, i, 1)                           '取第 i 个字符
    Select Case C
      Case "A" To "Z"
        C1 = Asc(C) + 5                        '大写字母加序数 5 加密
        If C1 > Asc("Z") Then C1 = C1 - 26     '加密后字母超过 Z
        Jm = Jm & Chr(C1)
      Case "a" To "z"
        C1 = Asc(C) + 5                        '小写字母加序数 5 加密
        If C1 > Asc("z") Then C1 = C1 - 26     '加密后字母超过 z
        Jm = Jm & Chr(C1)
      Case Else
        Jm = Jm & C                            '其他字符不加密,与已加密字符串连接
    End Select
  Next i
  Text2 = Jm
End Sub
```

其中，把加密后的结果在 Text2 中输出，当单击"保存文件"命令按钮时，把加密后的内容进行保存。

③ 解密是加密的逆操作。解密事件过程代码为：

```
Private Sub Command3_Click()
  Jm = "": n = Len(Trim(Text2)): S = Trim(Text2)
  For i = 1 To n
    C = Mid(S, i, 1)
    Select Case C
      Case "A" To "Z"
        C1 = Asc(C) - 5                     '大写字母减序数 5 解密
        If C1 < Asc("A") Then C1 = C1 + 26
        Jm = Jm & Chr(C1)
      Case "a" To "z"
        C1 = Asc(C) - 5                     '小写字母减序数 5 解密
        If C1 < Asc("a") Then C1 = C1 + 26
        Jm = Jm & Chr(C1)
      Case Else
        Jm = Jm & C                  '其他字符不变，与已加密字符串连接
    End Select
  Next i
  Text2 = Jm
End Sub
```

其中，把解密后的结果在 Text2 中输出，当单击"保存文件"命令按钮时，把解密后的内容进行保存。

④ 保存文件事件过程代码为：

```
Private Sub Command4_Click()
  CommonDialog1.ShowSave
  Open CommonDialog1.FileName For Output As #1'打开文件用于写入数据
  Print #1, Text2.Text               '对加密或解密后的文件进行保存
  Close #1                           '关闭 1 号文件
End Sub
```

例 7.6 设计一个学生信息管理的程序。窗体上追加记录（Command1）按钮的功能是将一个学生的信息作为一条记录添加到随机文件末尾，查询记录（Command2）按钮的功能是在窗体上显示指定的记录。运行界面如图 7-8 所示。

分析：

① 用于输入学号、姓名、成绩和查询记录号的 4 个文本框的名称分别为：Text1、Text2、Text3 和 Text4，"男"单选钮和"女"单选钮的名称分别为 Option1 和 Option2，显示总记录的标签为 Label5。

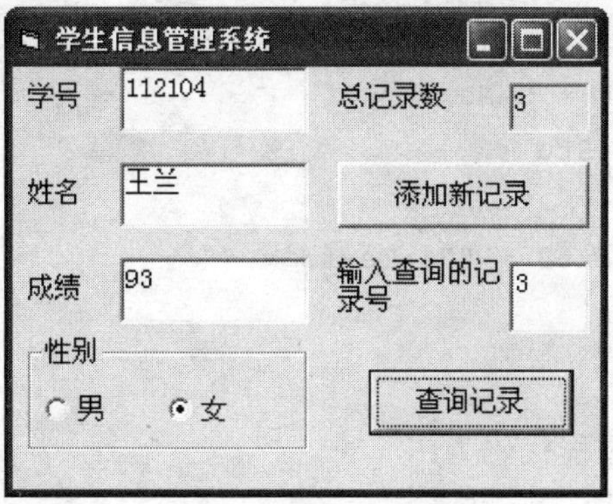

图 7-8　学生信息管理

② 添加标准模块，在其中定义记录类型，代码为：

```
Type StuType
  SNo As String * 8
  SNa As String * 8
  SSe As String * 1
  SMa As Integer
End Type
```

③ 在窗体的"通用"声明段中定义记录变量为：

```
Private Stu As StuType, ReNo As Integer
```

④ 在窗体的 Load 事件中计算并显示总记录数，事件过程为：

```
Private Sub Form_Load()
 Open "D:\Stu.dat" For Random As #1 Len = Len(Stu)      '打开随机文件
 a = LOF(1) / Len(Stu)                                  '计算总记录数
 If a = 0 Then
   Label5.Caption = "无"
 Else
   Label5.Caption = a
 End If
 Close #1                                               '关闭文件
 Command2.Enabled = False                               '不允许进行查询记录的操作
End Sub
```

⑤ "追加记录"事件过程代码为：

```
Private Sub Command1_Click()
  Stu.SNo = Text1
  Stu.SNa = Text2
  Stu.SMa = Val(Text3)
  Stu.SSe = IIf(Option1, "M", "W")
  Open "D:\Stu.dat" For Random As #1 Len = Len(Stu)     '打开随机文件
```

```
    ReNo = LOF(1) / Len(Stu) + 1              '计算新记录的记录号
    Label5.Caption = ReNo                     '更新总记录数
    Put #1, ReNo, Stu                         '追加记录
    Close #1                                  '关闭文件
    Text1 = "": Text2 = "": Text3 = ""        '清空文本框内容
    Text1.SetFocus                            ' Text1 获得焦点
  End Sub
```

⑥ "查询记录"事件过程代码为：

```
  Private Sub Command2_Click()
   Open "D:\Stu.dat" For Random As #1 Len = Len(Stu)    '打开随机文件
   ReNo = Val(Text4.Text)                         '将 Text4 的记录号赋给 ReNo
   If ReNo >= 1 And ReNo <= LOF(1) / Len(Stu) Then '判断是否是正确的记录号
     Get #1, ReNo, Stu                           '按记录号读记录
     Text1 = Stu.SNo                             '将记录中的学号送到 Text1
     Text2 = Stu.SNa                             '将记录中的姓名送到 Text2
     Text3 = Stu.SMa                             '将记录中的成绩送到 Text3
     If Stu.SSe = "M" Then                       '将记录中的性别信息用单选钮的
       Option1.Value = True                      '形式显示
     Else
       Option2.Value = True
     End If
     ReNo = LOF(1) / Len(Stu)                    '重新计算总记录数
   Else
     MsgBox "输入正确的查询记录号"
     Text4.SetFocus
   End If
   Close #1                                      '关闭文件
  End Sub
  Private Sub Text4_Change()                     '当文本框 Text4 的内容改变时
    Command2.Enabled = True                      '允许查询记录
  End Sub
```

习题 7

一、选择题

1. 按文件的存取方式，可以分为(   )。

   A. 顺序文件和随机文件   B. 文本文件和二进制文件

   C. 程序文件和数据文件   D. 输入文件和输出文件

2. 为了把一个记录型变量的内容写入文件中指定的位置，所使用的语句的格式为（　　）。

    A．Get 文件号，记录号，变量名　　　　B．Get 文件号，变量名，记录号

    C．Put 文件号，变量名，记录号　　　　D．Put 文件号，记录号，变量名

3. 执行语句 Open " Tel.dat" For Random As #1 Len = 50 后，对文件 Tel.dat 中的数据能够执行的操作是（　　）。

    A．只能写，不能读　　　　　　　　　　B．只能读，不能写

    C．既可以读，也可以写　　　　　　　　D．不能读，不能写

4. 在用 Open 语句打开文件时，如果省略"For方式"，则打开文件的存取方式是（　　）。

    A．顺序输入方式　　　B．顺序输出方式　　　C．随机存取方式　　　　D．二进制方式

5. 文件号最大可取的值为（　　）。

    A．255　　　　　　　　B．511　　　　　　　C．512　　　　　　　　D．256

6. Print #1, STR$ 中的 Print 是（　　）。

    A．文件的写语句　　　　　　　　　　　B．在窗体上显示的方法

    C．子程序名　　　　　　　　　　　　　D．文件的读语句

7. 为了建立一个随机文件，其中每条记录由多个不同数据类型的数据项组成，应使用（　　）。

    A．记录类型　　　　　B．数组　　　　　　C．字符串类型　　　　　D．变体类型

二、填空题

1. 在 VB 中按文件的数据编码方式对文件进行分类，将文件分为 ASCII 文件和＿＿＿＿文件。

2. 随机文件按记录为单位读出，二进制文件按＿＿＿＿为单位读出。

3. 在 VB 中，顺序文件的读操作通过＿＿＿＿、＿＿＿＿或＿＿＿＿语句实现。

4. 下面程序的功能是将文本文件"t.txt"的内容一个字符一个字符地读入文本框 Text1 中。请将程序填写完整。

```
Private Command1_Click()
    Dim InputData as String * 1
    Text1.Text = ""
    Open "t.txt" For Input As #1
    Do While Not EOF(1)
      InputData = _____
      Text1.Text = _____
    Loop
    Close #1
  End Sub
```

三、程序设计

1. 设计一个程序将用户输入的多行字符串写入文本文件 Text.txt 中。

2．编写一程序，将文本文件 Text. txt 中的内容以三种方式读入文本框 Text1 中。

3．建立一个有 5 个学生的考试成绩 student.dat 随机文件，数据项有学号、姓名、高数成绩、英语成绩和 VB 成绩。请编写程序实现在每个数据行后面添加该学生的总分和平均成绩两个数据项。

4．编写一个能将任意两个文件的内容合并的程序，程序界面由用户自己设计。提示：若要处理任意类型的文件，则文件必须作为二进制文件打开。

第8章　图形操作

　　VB 提供了相当丰富的图形功能，既可以通过图形控件进行图形和绘图操作，也可以通过图形方法在窗体或图形框等对象上输出文字和图形。灵活使用这些图形控件和图形方法可以为应用程序的界面增加趣味性，提供可视结构。

　　本章围绕一个类似画图的案例进行讲解，首先介绍其主要功能，然后围绕该案例重点介绍坐标系统、绘图属性、图形控件和图形方法，通过案例来说明 VB 图形功能的实际应用。

8.1　图形操作基础

　　画图的主要功能包括"文件"菜单的 "打开"、"保存"、"退出"命令，"图形控件"菜单的"图形框"、"图像框"命令，"图形方法"菜单的"Line 方法"、"Circle 方法"等命令，"编辑"菜单，"颜色"菜单等功能。本章主要介绍"图形控件"菜单和"图形方法"菜单的实现，这些功能的完成需要使用 VB 中的图形控件和图形方法来实现。画图程序的运行界面如图 8-1 所示。

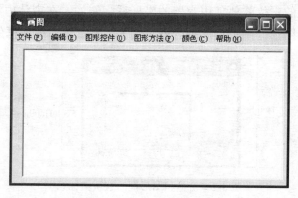

图 8-1　画图程序运行界面

　　VB 提供了一个简单的二维图形处理功能，方便图形操作。在 VB 中绘制图形，其过程一般分为 4 个步骤：

　　① 先定义图形载体窗体对象或图形框对象的坐标系。

　　② 设置线宽、线型、色彩等属性。

　　③ 指定画笔的起终点位置。

　　④ 调用绘图方法绘制图形。

8.1.1 坐标系统

二维图形的绘制需要一个可绘图的对象，如窗体、图形框。为了能在窗体或图形框中定位图形，需要一个二维坐标系。构成一个坐标系，需要三个要素：坐标原点、坐标度量单位和坐标轴的长度与方向。坐标度量单位由容器对象的 ScaleMode 属性决定，见表 8-1。

表 8-1 ScaleMode 属性

符号常量	属性设置	单位
VbUser	0	用户定义(User)
VbTwips	1	Twip(默认值)
VbPoints	2	磅(point，每英寸 72 磅)
VbPixels	3	像素(pixel，与显示器分辨率有关)
VbCharacters	4	字符(Character，默认为高 12 磅，宽 20 磅)
VbInches	5	英寸(inch)
VbMilimeters	6	毫米(millimeter)
VbCentimeters	7	厘米(centimeter)

坐标系统是一个二维网格，VB 的坐标系统以屏幕左上角为默认的坐标原点(0，0)，横向向右为 X 轴的正向，纵向向下为 Y 轴的正向。

在 VB 中，每个对象定位于存放它的容器内，这个容器可以是屏幕、窗体、图形框或 Printer 对象等。对象的定位就要使用容器的坐标系。例如，在窗体内绘制图形，窗体是容器，在图形框内绘制图形，图形框就是容器。图 8-2 为窗体和图形框的默认坐标系。

图 8-2 窗体和图形框的默认坐标系

注意：窗体的 Height 属性包括了标题栏和水平边框线的宽度，同样 Width 属性包括了垂直边框线宽度。实际可用高度和宽度由 ScaleHeight 和 ScaleWidth 属性确定。窗体的 Left、Top 属性指示窗体在屏幕内的位置。

8.1.2 自定义坐标系

用户在绘制图形的时候，根据实际情况，需要自己重新定义一个坐标系，VB 提供了 Scale 方法来建立用户坐标系，其语法如下：

```
[对象.]Scale [(xLeft, yTop)-(xRight, yBotton)]
```

其中：

① 对象可以是窗体、图形框或打印机。

② (xLeft，yTop)表示对象的左上角坐标值，(xRight，yBotton)为对象右下角坐标值。

· ③ 窗体或图形框的 ScaleMode 属性决定了坐标所采用的度量单位，默认值为 Twip。

例 8.1　定义窗体的坐标系，使其与数学平面坐标系一致，即将窗体原点平移到窗体中央，Y 轴的正向向上，运行效果如图 8-3 所示。

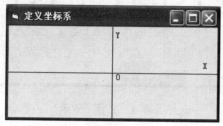

图 8-3　自定义坐标系运行界面

分析：

① 在 VB 窗体上以屏幕的左上角为默认的坐标原点(0，0)，这样对于绘制表格、图形或其他数学对象是不方便的。通常希望横向向右为 X 轴的正向，纵向向上为 Y 轴的正向，使其与数学坐标系一致，则需要重新定义窗体的坐标系，使坐标原点在窗体中央，显示 4 个象限，需要指定窗体对象的左上角坐标值(xLeft，yTop)和右下角坐标值(xRight，yBotton)，使 xLeft= -xRight；yTop= - yBotton。

② 事件过程代码为：

```
Private Sub Form_click()
    Cls
    Form1.ScaleMode = 3                           '设置度量单位为像素
    Form1.Scale (-300, 200)-(300, -200)           '自定义坐标系
    Line (-300, 0)-(300, 0)                       '画 X 轴
    Line (0, 200)-(0, -200)                       '画 Y 轴
    CurrentX = 0: CurrentY = 0: Print 0           '标记坐标原点
    CurrentX = 260: CurrentY = 50: Print "X"      '标记 X 轴
    CurrentX = 10: CurrentY = 180: Print "Y"      '标记 Y 轴
End Sub
```

总结：任何时候在程序代码中使用 Scale 方法都能有效和自然地改变坐标系统。当 Scale 方法不带参数时，则取消用户自定义的坐标系，而采用默认坐标系。

8.2　绘图属性

8.2.1　当前坐标

窗体、图形框或打印机的 CurrentX、CurrentY 属性可给出这些对象在绘图时的当前坐标，注意，这两个属性在设计阶段不能使用。当坐标系确定后，坐标值(x, y)表示

对象上的绝对坐标位置。如果坐标值前加上关键字 Step，则坐标值 (x,y) 表示对象上的相对坐标位置，即从当前坐标分别平移 x、y 个单位，其绝对坐标值为 $(CurrentX+x, CurrentY+y)$。

例 8.2 利用 CurrentX、CurrentY 属性在图形框中输出如图 8-4 所示的立体字效果。

图 8-4   立体字效果

分析：

① 要在图形框中产生立体字效果，可将同内容的字符采用不同的颜色输出两次，并在第二次输出时，适当地偏移输出的位置。

② 单击图形框时产生立体字效果，事件过程代码如下：

```
Private Sub Picture1_Click()
  Picture1.FontSize = 40
  Picture1.ForeColor = QBColor(0)          '40 号字，黑色
  Picture1.CurrentX = 100: Picture1.CurrentY = 20
  Picture1.Print "Visual Basic"            '在图形框中输出"Visual Basic"
  Picture1.ForeColor = QBColor(4)          '40 号字，红色
  Picture1.CurrentX = 130: Picture1.CurrentY = 40
  Picture1.Print "Visual Basic"
End Sub
```

8.2.2   线宽和线型

1. DrawWidth

窗体、图形框或打印机的 DrawWidth 属性给出这些对象上所画线的宽度或点的大小，DrawWidth 属性以像素为单位来度量，最小值为 1。

2. DrawStyle

窗体、图形框或打印机的 DrawStyle 属性给出这些对象上所画线的形状。属性值及效果见表 8-2。

表 8-2 DrawStyle 属性值及效果

属性值	线型	图示
0	实线(默认)	———————————
1	长划线	- - - - - - - - - - - - -
2	点线	....
3	点划线	-·-·-·-·-·-·-·-·
4	双点划线	-··-··-··-··-··
5	透明线	
6	内实线	———————————

注意：以上线型仅当 DrawWidth 属性为 1 时才能产生，当 DrawWidth 的值大于 1 时，只能产生实线效果。

8.2.3 填充和色彩

1．填充

封闭图形的填充方式由 FillStyle、FillColor 这两个属性决定。

FillColor 指定填充图案的颜色，默认的颜色与 ForeColor 相同。

FillStyle 属性指定填充的图案，共有 8 种内部图案，属性设置填充图案如图 8-5 所示。

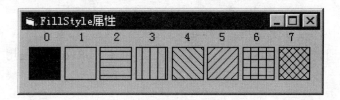

图 8-5 FillStyle 属性设置填充的图案

其中，0 为实填充，它与指定填充图案的颜色有关，1 为透明方式。

2．色彩

VB 默认采用对象的前景色(ForeColor 属性)绘图，也可以通过颜色函数等指定色彩。

（1）RGB 函数

RGB 函数通过红、绿、蓝三基色混合产生某种颜色，其语法为：

    RGB(红，绿，蓝)

说明：括号中红、绿、蓝三基色使用 0～255 之间的整数。例如，RGB(0,0,0)返回黑色，而 RGB(255,255,255)返回白色。从理论上来说，用三基色混合可产生 256×256×256 种颜色，但是实际使用时会受到显示硬件的限制。

（2）QBColor 函数

QBColor 函数采用 Quick Basic 所使用的 16 种颜色，其语法格式为：

QBColor(颜色码)

说明：颜色码使用 0~15 之间的整数，每个颜色码代表一种颜色，其对应关系见表 8-3。

表 8-3　颜色码与颜色对应表

颜色码	颜色	颜色码	颜色
0	黑	8	灰
1	蓝	9	亮蓝
2	绿	10	亮绿
3	青	11	亮青
4	红	12	亮红
5	品红	13	亮品红
6	黄	14	亮黄
7	白	15	亮白

（3）长整型代码

RGB 函数和 QBColor 函数实际上都返回一个 8 位的十六进制长整数，这个数从左到右，最左边两位默认为 00，其余的每两位一组，代表一种基色，其顺序是蓝、绿、红。因此，也可以直接用 8 位的十六进制颜色代码表示。在 FillColor 色彩的属性设置中可以看到这些代码。例如，&H00FF0000&表示蓝色、&H0000FF00&表示绿色、&H000000FF&表示红色、&H00000000&代表黑色等。

（4）颜色常数

在实际应用中，为方便使用，VB 定义了颜色常数，只要在前缀字符 vb 后加上相应颜色的英文单词，就可表达出来了。例如，红色用 vbRed，蓝色用 vbBule，绿色用 vbGreen 等。

8.2.4　自动重画

自动重画（AutoRedraw）属性用来返回或设置从图形方法到持久图形的输出，即让绘制的图形能够长久保存。其属性值为布尔型，当属性值为 True 时，使窗体或 PictureBox 图形框控件的自动重画有效，图形和文本输出到屏幕，并存储在内存中，当属性值为 False（默认值）时，使对象的自动重画无效，并且将图形或文本只写到屏幕上。

8.3　图形控件

8.3.1　图形框

PictureBox 图形框的主要作用是为用户显示 BMP、ICO、WMF、GIF、JPEG 等格式的图形，也可作为容器放置其他控件，以及通过 Print、Pset、Line、Circle 等方法在其中输出文本和画图。

1．图形框的主要属性有 Picture 和 AutoSize

（1）Picture 属性

该属性决定控件中所显示的图形文件，其值可以通过下列三种途径获得：

① 在设计状态直接选择图形文件设置 Picture 属性。

② 在程序运行时使用 LoadPicture( )函数装入图形，其格式为：

　　图形框.Picture= LoadPicture("图形文件名")　'包括可选的路径名

若要在程序运行时删除图形框中的图形，可用 LoadPicture( )函数，其格式为：

　　图形框.Picture= LoadPicture("")

③ 装入另一个图形框中的图形，使用形式为：

　　图形框 1.Picture=图形框 2.Picture

（2）AutoSize 属性

图形框不提供滚动条，也不能伸展被装入的图形以适应控件尺寸，但可以用 AutoSize 属性来调整图形框大小以适应图形尺寸。当 AutoSize 属性设置为 True 时，图形框能自动调整大小与显示的图片匹配；将 AutoSize 属性设置为 False 时，则图形框不能自动改变大小，若加载的图形比控件大，则超出的部分将被剪裁。

2．图形框的主要方法有 Print、Cls、Line 和 Circle

① Print 方法用来显示文本内容，其格式为：

　　图形框. Print 表达式

② Cls 方法用来清除图形框在运行时由 Print 方法显示的文本或绘图方法所产生的图形，其格式为：

　　图形框.Cls

Line 和 Circle 方法可参见 8.4.1 节和 8.4.2 节。

3．图形框的主要事件有 Click（单击）和 DblClick（双击）事件

　　例 8.3　实现画图程序的"图形控件"→"图形框"命令，利用 PictureBox 图形框实现图形缩放与剪裁程序。设计界面如图 8-6 所示，运行界面如图 8-7 所示。

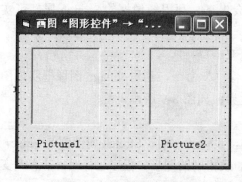

图 8-6　图形框设计界面

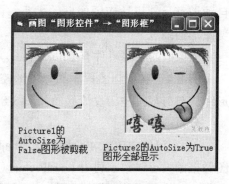

图 8-7　图形框运行界面

分析：

① 在窗体上画两个图形框使其大小一致。程序运行时，使用 LoadPicture() 函数分别加载相同的图形，左边的 Picture1 图形框的显示区域比图形小，AutoSize 属性设置为 False，图片被剪裁；右边的 Picture2 图形框的 AutoSize 属性设置为 True，则图形框能自动调整大小与显示的图片匹配。

② 事件过程代码为：

```
Private Sub Form_Load()
  Picture1.Picture = LoadPicture(App.Path + "\Pict3.gif")
  Picture1.AutoSize = False
  Picture2.Picture = LoadPicture(App.Path + "\Pict3.gif")
  Picture2.AutoSize = True
End Sub
```

说明：App.Path 表示装入的图片文件与应用程序在同一文件夹中，若运行时无该文件，系统会显示"文件未找到"的信息，用户可以通过查找文件的方法，将所需图片文件复制到应用程序所在的文件夹中。

8.3.2 图像框

Image 图像框与图形框基本相同，都具有 Picture 属性，主要区别有以下几点：

① 图像框占用更少的内存，描绘得更快。

② 图像框内不能作为容器存放其他控件。

③ 图像框不能接收 Print 方法输出信息。

④ 图像框没有 AutoSize 属性，但它有 Stretch 属性。

Stretch 属性用于伸展图像。当 Stretch 属性为 False 时，在设计状态，图像框可自动改变大小以适应其中的图形，相当于图形框在 AutoSize 属性为 True 时的功能，而在程序运行时图像框的大小不会改变，图形或被剪裁，或占用图像框左上角部分空间，相当于图形框在 AutoSize 属性为 False 时的功能；当 Stretch 属性为 True 时，图像框中的图形可自动调整尺寸以适应图像框的大小，图形有可能会失真。利用图像框的 Stretch 属性可实现图形的缩放。

图像框的主要事件有 Click(单击) 和 DblClick(双击) 事件。

例 8.4 实现画图程序的"图形控件"→"图像框"命令，利用 Image 图像框实现图形缩放与剪裁程序。设计界面如图 8-8 所示，运行界面如图 8-9 所示。

分析：

① 在窗体内放置 4 个图像框 Image1～Image4，设计状态时，Stretch 属性都为 False，图像框的大小一致，利用 LoadPicture() 函数分别加载相同的图形。程序运行时，动态改变图像框的大小，并分别设置 Stretch 属性为 True 或 False，可以改变图形的显示。

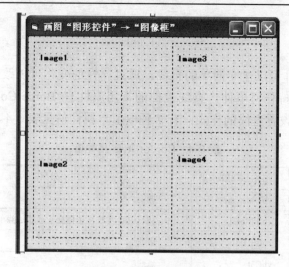

图 8-8　图像框设计界面

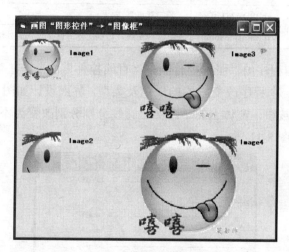

图 8-9　图像框运行界面

② 事件过程代码为：

```
Private Sub Form_Load()
Image1.Picture = LoadPicture(App.Path + "\pict3.gif")
Image1.Stretch = True                    '图形随图像框控件大小变化
Image1.Width = 1000: Image1.Height = 1000
Image4.Picture = LoadPicture(App.Path + "\pict3.gif")
Image4.Stretch = True: Image4.Width = 2500: Image4.Height = 2500
Image2.Picture = LoadPicture(App.Path + "\pict3.gif")
Image2.Stretch = False                   '图像框控件大小随图形变化
Image2.Width = 1000: Image2.Height = 1000
Image3.Picture = LoadPicture(App.Path + "\pict3.gif")
Image3.Stretch = False: Image3.Width = 2500: Image3.Height = 2500
End Sub
```

8.3.3 直线控件

用直线(Line)控件可以建立简单的直线,通过属性的变化可以改变直线的粗细、颜色及线型。该控件不支持任何事件。直线控件的常用属性有 BorderColor 和 BorderStyle,BorderStyle 属性用来设置直线的样式,有 7 种取值,属性值见表 8-4。

表 8-4　BorderStyle 属性值

属性值	内部常数	效果
0	vbTransparent	透明
1	vbBSSolid	(默认值)实线,边框处于形状边缘的中心
2	vbBSDash	虚线
3	vbDot	点线
4	vbBSDashDot	点划线
5	vbBSDashDotDot	双点划线
6	vbBSInsideSolid	内实线,边框的外界就是形状的外边缘

例 8.5 实现画图程序的"图形控件"→"直线控件"命令,在窗体上用 Line 控件画 7 条实心直线,编写一个程序改变它们的颜色及类型,界面设计如图 8-10 所示;程序运行时,单击"画直线"按钮,窗体上的 7 条实心直线分别分别改变为不同的颜色和不同类型的直线,运行界面如图 8-11 所示。

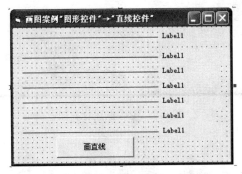

图 8-10　直线控件设计界面

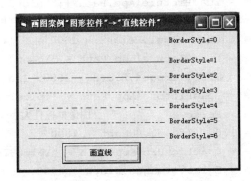

图 8-11　直线控件运行界面

分析：

① 单击工具箱中的直线控件，在窗体上画出最上面一条直线，将其"名称"属性设置为 Line1，并采用"复制"和"粘贴"的方法，画出第 2～7 条直线，建立一个直线控件的控件数组，分别为 Line1(0)～Line1(6)，再画出一个命令按钮，设置 Caption 属性值为"画直线"。

② 运行程序时，单击"画直线"按钮，窗体上的 7 条直线分别以不同的颜色和不同的类型显示，事件过程代码为：

```
Private Sub Command1_Click()
For i = 0 To 6
    Line1(i).BorderColor = QBColor(i)
    Line1(i).BorderStyle = i
    Label1(i).Caption = "BorderStyle=" & i
Next i
End Sub
```

8.3.4　形状控件

用 Shape 形状控件可以在窗体上创建矩形，通过 Shape 属性可以画出正方形、椭圆、圆角矩形等形状，同时可以设置形状的颜色和填充图案。该控件不支持任何事件。形状控件的常用属性有 Shape、FillColor 和 FillStyle 等属性，Shape 属性用来设置形状控件的几何特性，有 6 种取值，属性值见表 8-5。

表 8-5　Shape 属性值

属性值	内部常数	含义
0	vbShapeRectangle	(默认值)矩形
1	vbShapeSquare	正方形
2	vbShapeOval	椭圆形
3	vbShapeCircle	圆形
4	vbShapeRoundedRectangle	圆角矩形
5	vbShapeRoundedSquare	圆角正方形

例 8.6　实现画图程序的"图形控件"→"形状控件"命令，在窗体上用 Shape 形状控件画出 6 种可以使用的形状，设计界面如图 8-12 所示；程序运行时，单击"画形状"按钮，窗体上画出 6 种形状，运行界面如图 8-13 所示。

分析：

①在窗体上创建一个形状控件 Shape1，并建立其控件数组，含有 6 个形状控件。

② 单击"画形状"按钮，其事件过程代码为：

```
Private Sub Command1_Click()
    Dim i%
```

```
CurrentX = 150
For i = 0 To 5
    Shape1(i).Shape = i
    CurrentX = CurrentX + 800
    Print i;                        '在窗体第一行分别输出形状控件的 Shape 属性值
  Next i
End Sub
```

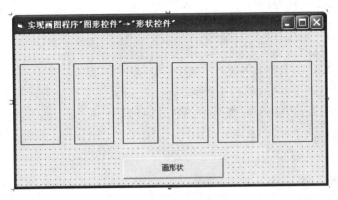

图 8-12　形状控件设计界面

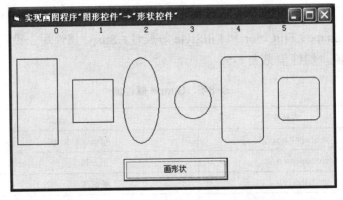

图 8-13　形状控件运行界面

8.4　图形方法

8.4.1　Line 方法

Line 方法可以用于画直线或矩形，其语法格式如下：

[对象.] Line [[Step] (x1, y1)]-[Step](x2, y2)[, 颜色][, B[F]]

其中：

① 对象指示 Line 在何处产生结果，它可以是窗体或图形框，默认为当前窗体。

② (x1,y1)为线段的起点坐标或矩形的左上角坐标。

③ （x2,y2）为线段的终点坐标或矩形的右下角坐标。

④ 关键字 Step 表示采用当前作图位置的相对值。

⑤ 关键字 B 表示画矩形。

⑥ 关键字 F 表示用画矩形的颜色来填充矩形，F 必须与关键字 B 一起使用，如果只用 B 不用 F，则矩形的填充由 FillColor 和 FillStyle 属性决定。

例 8.7　实现画图程序的"图形方法"→"Line 方法"→"画直线"命令。运行界面如图 8-14 所示。

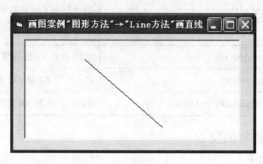

图 8-14　画直线运行界面

分析：

① 程序运行时，在图形框中按下鼠标并画线，Picture1.Line (x1, y1)-(x2, y2)。

② 在图形框中按下鼠标并画线时，图形框将识别鼠标的三个事件，分别为：

MouseDown 事件：按下任意一个鼠标按键时被触发。

MouseUp 事件：释放任意一个鼠标按键时被触发。

MouseMove 事件：移动鼠标时被触发。

与上述三个鼠标事件相对应的鼠标事件过程如下：

```
Private Sub Picture1_MouseDown(Button As Integer, Shift As Integer, X
As Single, Y As Single)
Private Sub  Picture1_MouseUp(Button As Integer, Shift As Integer, X As
Single, Y As Single)
Private Sub Picture1_MouseMove(Button As Integer, Shift As Integer, X
As Single, Y As Single)
```

其中：

● Button 参数指示用户按下或释放了哪个鼠标按键，其值及意义见表 8-6。

表 8-6　Button 参数的取值及其意义

值	内部常数	含义
1	vbLeftButton	按下或释放了鼠标左键
2	vbRightButton	按下或释放了鼠标右键
3	vbMiddleButton	按下或释放了鼠标中键

● Shift 参数包含了 Shift、Ctrl 和 Alt 键的状态信息，见表 8-7。

表 8-7 Shift 参数的取值及其意义

值	内部常数	含义
0		Shift、Ctrl 和 Alt 键都没有被按下
1	vbShiftMask	只有 Shift 键被按下
2	vbCtrlMask	只有 Ctrl 键被按下
3	vbShiftMask+ vbCtrlMask	Shift 键和 Ctrl 键同时被按下
4	vbAltMask	只有 Alt 键被按下
5	vbShiftMask+ vbAltMask	Shift 键和 Alt 键同时被按下
6	vbCtrlMask+ vbAltMask	Ctrl 键和 Alt 键同时被按下
7	vbShiftMask+vbCtrlMask+ vbAltMask	Shift、Ctrl 和 Alt 键同时被按下

● X，Y 表示当前鼠标的位置。

③ 事件过程代码如下：

```
Dim x1!,x2!,y1!,y2!              ' 通用声明段中变量的声明
Private Sub Picture1_MouseDown(Button As Integer, Shift As Integer, X
As Single, Y As Single)         '按下鼠标按键时触发 MouseDown 事件
    x1 = X
    y1 = Y
End Sub
Private Sub Picture1_MouseUp(Button As Integer, Shift As Integer, X As
Single, Y As Single)            '释放鼠标按键时触发 MouseUp 事件
    x2 = X
    y2 = Y
Picture1.Line (x1, y1)-(x2, y2) '当鼠标松开时,用 Line 方法在(x1,y1)与(x2,y2)
                                '之间画一条直线
    End Sub
```

如果要画矩形，只需要把上述代码中的 Picture1_MouseUp 事件过程改为如下即可（见图 8-15）：

```
Private Sub Picture1_MouseUp(Button As Integer, Shift As Integer, X As
Single, Y As Single)
    x2 = X
    y2 = Y
    Picture1.Cls
Picture1.Line (x1, y1)-(x2, y2), , B '当鼠标释放时,用 Line 方法在(x1,y1)与(x2,y2)
                                '之间画矩形
End Sub
```

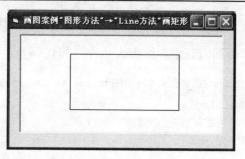

图 8-15　画矩形运行界面

8.4.2　Circle 方法

Circle 方法用于画圆、椭圆、圆弧和扇形，其语法格式如下：

[对象.]Circle[Step](x,y),半径[,[颜色][,[起始点][,[终止点][,长短轴比率]]]]

其中：

① 对象指示 Circle 在何处产生结果，可以是窗体、图形框或打印机，默认时为当前窗体。

② (x, y)为圆心坐标，关键字 Step 表示采用当前作图位置的相对值。

③ 圆弧和扇形通过参数起始点、终止点控制。采用逆时针方向绘弧。起始点、终止点以弧度为单位，当起始点、终止点取值在 0~2π 时为圆弧，当在起始点、终止点前加一负号时，画出扇形，负号表示画出圆心到圆弧的径向线。

④ 椭圆通过长短轴比率控制，默认值为 1 时，画出的是圆。

例 8.8　实现画图程序的"图形方法"→"Circle 方法"命令，用 Circle 方法在图形框上画圆。运行界面如图 8-16 所示。

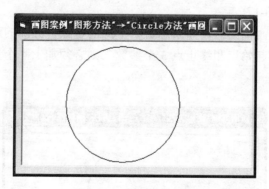

图 8-16　画圆运行界面

分析：

① 程序运行时，在图形框中按住鼠标移动画圆，代码为

```
Picture1.Circle ((x2 + x1) / 2, (y1 + y2) / 2), (x2 - x1) / 2
```

其中，圆心为((x2 + x1) / 2, (y1 + y2) / 2)，半径为(x2 − x1) / 2。

②   Dim x1!, y1!, x2!, y2!, flag As Boolean   ' 通用声明段中变量的声明

其中：变量 flag 用于表示画圆的开始和结束。事件过程代码为：

```
Private Sub Picture1_MouseDown(Button As Integer, Shift As Integer, X
As Single, Y As Single)
    x1 = X
    y1 = Y
   flag = True                              '设置画圆状态
End Sub
Private Sub Picture1_MouseMove(Button As Integer, Shift As Integer, X
As Single, Y As Single)                    '移动鼠标时触发 MouseMove 事件
   If flag = True Then                      '当鼠标移动时，如果处于画圆状态
     x2 = X                                 '则用 Circle 方法画圆
     y2 = Y
     Picture1.Cls                           '清除前一次画好的圆形
     Picture1.Circle ((x2 + x1) / 2, (y1 + y2) / 2), (x2 - x1) / 2
   End If
End Sub
Private Sub  Picture1_MouseUp(Button As Integer, Shift As Integer, X As
Single, Y As Single)
    flag = False                           '解除画圆状态
End Sub
```

上述例题中把代码 Picture1.Circle ((x2 + x1)/2, (y1 + y2)/2), (x2 - x1)/2 改为 Picture1.Circle ((x2 + x1)/2, (y1 + y2)/2), (x2 - x1)/2, , , , 2 就可以在图形框中画椭圆（见图 8-17）。

说明：使用 Circle 画椭圆时，如果想省略中间的参数，分隔的逗号不能省。例如上例中画椭圆省掉了颜色、起始点和终止点 3 个参数，则必须加上 4 个连续的逗号，表明省略了中间 3 个参数。

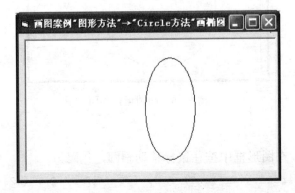

图 8-17   画椭圆运行界面

8.4.3 Pset 方法

Pset 方法用于在窗体、图形框或打印机指定位置上画点，其语法格式如下：

[对象.]Pset[Step](x，y)[，颜色]

其中：

① 参数 (x, y) 为所画点的坐标。

② 关键字 Step 表示采用当前作图位置的相对值。

采用背景颜色可清除某个位置上的点。利用 Pset 方法可画任意曲线。

例 8.9 实现画图程序的"图形方法"→"Pset 方法"→"画线"命令，用 Pset 方法在图形框上画任意曲线。运行界面如图 8-18 所示。

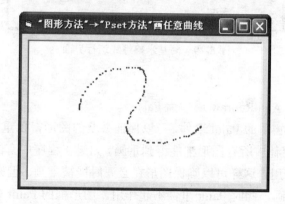

图 8-18 画线运行界面

分析：

程序运行时，在图形框中按住鼠标移动画任意曲线。事件过程代码如下：

```
Dim x1!, y1!, x2!, y2!, flag As Boolean    ' 通用声明段中变量的声明
Private Sub Picture1_MouseDown(Button As Integer, Shift As Integer, X
As Single, Y As Single)
    flag = True
End Sub
Private Sub Picture1_MouseMove(Button As Integer, Shift As Integer, X
As Single, Y As Single)
If flag = True Then
   Picture1.DrawWidth = 2
   Picture1.PSet (X, Y), vbRed
 End If
End Sub
Private Sub Picture1_MouseUp(Button As Integer, Shift As Integer, X As
```

```
Single, Y As Single)
    flag = False
End Sub
```

例 8.10 实现画图程序中的"图形方法"→"Pset 方法"→"绘制阿基米德螺线"命令，运行结果如图 8-19 所示。

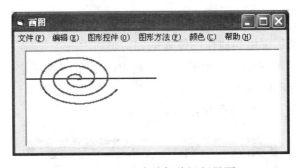

图 8-19 阿基米德螺线运行界面

分析：

① 设置图形框的 AutoRedraw 属性为 False。

② 利用图形框或窗体的 Paint 事件，可以保证必要的图形得以重现，如窗体最小化后，恢复到正常大小时，窗体内所有图形都能得到重画。如果在程序中有图形方法的绘制语句，使用 Paint 事件将很有用，这样可以确保图形在必要时能被重画。但是当 AutoRedraw 属性为 True 时，将自动重画，此时 Paint 事件不起作用。图形框的 Paint 事件过程代码如下：

```
Private Sub Picture1_Paint ()
  Dim x!, y!, i!
  Picture1.Scale                        '设置图形框的默认坐标系
  Picture1.DrawWidth = 2                '图形框所画线的宽度为 2
  For i = 0 To 3000
    Picture1.PSet (i, 600), vbBlue      '用 PSet 绘制蓝色直线
  Next i
  For i = 0 To 20 Step 0.01
    x = 50 * i * Sin(i) + 1200          '阿基米德螺线参数 x
    y = 30 * i * Cos(i) + 600           '阿基米德螺线参数 y
    Picture1.PSet (x, y), vbRed         '用 PSet 绘制红色阿基米德螺线
  Next i
End Sub
```

③ 在 Resize 事件过程中使用 Refresh 方法，可以在每次调整窗体大小时强制对所有对象通过 Paint 事件进行重画。窗体的 Resize 事件过程代码如下：

```
Private Sub Form_Resize()
Picture1.Refresh         '窗体大小改变时在图形框中重画图形
End Sub
```

8.4.4　Point 方法

Point 方法用于返回窗体或图形框上指定点的 RGB 颜色，其语法格式如下：

　　[对象.]Point (x, y)

如果由 (x, y) 坐标指定的点在对象外面，Point 方法返回 -1(True)。

　　例 8.11　实现画图程序的"图形方法"→"Point 方法"命令，用 Point 方法获取一个图形框区域的信息(获取当前点的颜色)，然后再使用 Pset 方法在另一个图形框中按画点的方法，根据获取的颜色进行画点，即进行仿真。运行界面如图 8-20 所示。

图 8-20　信息仿真

分析：

① 在窗体上放置两个图形框控件，在程序中设置图形框控件的坐标系相同，但 Picture2 的实际宽度和高度比 Picture1 大，故仿真输出时放大了原来的图形。

② 程序运行时，单击"开始仿真"命令按钮(Command1)，在 Picture2 中进行信息仿真。事件过程代码如下：

```
Private Sub Form_Load()
   Picture2.Scale (0, 0)-(500, 500)
   Picture1.Scale (0, 0)-(500, 500)
End Sub
Private Sub Command1_Click()
  For i = 0 To 500                  '按行扫描
   For j = 0 To 500                 '按列扫描
    a = Picture1.Point(i, j)        '返回指定点的信息
    Picture2.PSet (i, j), a         '进行仿真
   Next j
  Next i
End Sub
```

其中，如果改变目标位置坐标，则可旋转输出结果，结合 DrawWidth 属性，可以改变输出点的大小，请读者自行完成。

8.5　综合应用

本章介绍了 VB 图形控件和图形处理的主要方法。下面给出一个例子，利用图形控件和图形方法制作一个简单的画图程序。

例 8.12　设计一个绘画程序。单击"擦除"(Command1)按钮后，当在 Picture1 图形框中按下鼠标左键时，以鼠标指针所处位置为中心将该处的图像擦除。单击"绘画"(Command2)按钮后，在 Picture1 中，通过鼠标和键盘结合，当按下 Shift 键和鼠标左键时可以画水平线，当按下 Ctrl 键和鼠标左键时可以画垂直线，当按下 Alt 键和鼠标左键时可以画任意线，当鼠标释放则停止画线。运行界面如图 8-21 所示。

图 8-21　例 8.12 运行界面

分析：

① 通用声明段变量的声明：

```
Dim MouseState%, x1!, y1!, x2!, y2! ,IsDraw As Boolean
```

其中：

- MouseState 变量用于标志所单击的按钮，值为 1 表示单击"擦除"按钮，值为 2 表示单击"绘画"按钮。
- IsDraw 变量用于表示画线的开始和结束。值为 True 时设置画线状态，否则解除画线状态。

② 程序运行时，单击"擦除"按钮通过一个白色的圆将图像擦除。事件过程代码如下：

```
Private Sub Command1_Click()  '单击"擦除"按钮
MouseState = 1
End Sub
Private Sub Picture1_MouseDown(Button As Integer, Shift As Integer, X
As Single, Y As Single)
    If Button = 1 And MouseState = 1 Then      '按下鼠标左键并单击"擦除"按钮
        Picture1.FillStyle = 0
        Picture1.FillColor = RGB(255, 255, 255)    '设置为白色
        Picture1.ForeColor = RGB(255, 255, 255)
        Picture1.Circle (X, Y), 50                 '画半径为 50 的圆将图像擦除
    ElseIf Button = 1 And MouseState = 2 Then  '单击"绘画"按钮, 设 IsDraw 为
        IsDraw = True                          'True, 表示落笔开始画线
        x1 = X
        y1 = Y
    End If
        Picture1.AutoRedraw = True                 '设置图片自动重画
    End Sub
```

③ 程序运行时，单击"绘画"按钮画线，要求当按下 **Shift** 键时，将鼠标指针设置为水平箭头，此时只能画水平线；当按下 **Ctrl** 键时，将鼠标指针设置为垂直箭头，此时只能画垂直线；当按下 **Alt** 键时，将鼠标指针设置为系统默认，此时可以画任意线。鼠标移动时触发 MouseMove 事件，线的起点为上次画线的终点。事件过程代码如下：

```
Private Sub Command2_Click()                      '单击"绘画"按钮
MouseState = 2
End Sub
Private Sub Picture1_MouseMove(Button As Integer, Shift As Integer, X
As Single, Y As Single)
    Picture1.ForeColor = RGB(0, 0, 0)        '画线颜色设置为黑色
    If IsDraw = True And MouseState = 2 Then 'IsDraw 为 True 设置画线状态
        x2 = X
        y2 = Y
        If Shift = 1 Then                    '当按下 Shift 键时,
            Picture1.MousePointer = 9        '将鼠标指针设置为水平箭头
            Picture1.Line (x1, y1)-(x2, y1)  '当鼠标移动时, 用 Line 方法画水平线
        ElseIf Shift = 2 Then                '当按下 Ctrl 键时,
            Picture1.MousePointer = 7        '将鼠标指针设置为垂直箭头
            Picture1.Line (x1, y1)-(x1, y2)  '当鼠标移动时, 用 Line 方法画垂直线
        ElseIf Shift = 4 Then                '当按下 Alt 键时,
```

```
        Picture1.MousePointer = 0          '将鼠标指针设置为系统默认
        Picture1.Line (x1, y1)-(x2, y2)    '当鼠标移动时，用 Line 方法画任意线
    End If
      x1 = X
      y1 = Y
    End If
    End Sub
```

其中：Shift 表示当鼠标键被按下或释放时，Shift、Ctrl 和 Alt 键的按下或释放状态。Shift、Ctrl 和 Alt 键的切换常数见表 8-8。

表 8-8 Shift、Ctrl 和 Alt 键的切换常数

切换常数	值	含义
vbShiftMask	1	Shift 键被按下
vbCtrlMask	2	Ctrl 键被按下
vbAltMask	4	Alt 键被按下

④ 在绘画状态，当释放鼠标左键时，触发 MouseUp 事件，使变量 IsDraw 为 False，不允许画线。事件过程代码如下：

```
    Private Sub Picture1_MouseUp(Button As Integer, Shift As Integer, X As
Single, Y As Single)
      If Button = 1 And MouseState = 2 Then IsDraw = False   '在绘画状态，
        '当鼠标左键被释放时，解除画线状态
      End Sub
```

习题 8

一、选择题

1. 坐标度量单位可通过（   ）来改变。
   A．DrawStyle 属性　　　B．DrawWidth 属性　　　C．Scale 方法　　　D．ScaleMode 属性
2. 以下的属性和方法中（   ）可重定义坐标系。
   A．DrawStyle 属性　　　B．DrawWidth 属性　　　C．Scale 方法　　　D．ScaleMode 属性
3. 当使用 Line 方法画线后，当前坐标在（   ）。
   A．（0，0）　　　B．直线起点　　　C．直线终点　　　D．容器的中心
4. 对象的边框类型由属性（   ）来决定。
   A．DrawStyle　　　B．DrawWidth　　　C．BorderSyle　　　D．ScaleMode

5．下列(　　)途径在程序运行时不能将图片填加到窗体、图形框或图像框的 Picture 属性中。

　　A．使用 LoadPicture()方法　　　　　B．对象间图片的复制

　　C．通过剪贴板复制图片　　　　　　　D．使用拖放操作

6．假定在图形框 Picture1 中装入了一个图形，为了清除该图形(不删除图形框)，应采用的正确方法是(　　)。

　　A．选择图形框，然后按 Delete 键

　　B．执行语句 Picture1.Picture=LoadPicture("")

　　C．执行语句 Picture1.Picture=""

　　D．选择图形框，在属性窗口中选择 Picture 属性，然后按回车键

7．Cls 命令可清除窗体或图形框中(　　)的内容。

　　A．Picture 属性设置的背景图案　　　　B．设计时放置的图片

　　C．程序运行时产生的图形和文字　　　　D．以上全部 A～C

8．当窗体的 AutoRedraw 属性采用默认值时，若在窗体装入时用绘图方法绘制图形，则应用程序放在(　　)中。

　　A．Paint 事件　　　　　B．Load 事件　　　　C．Initialize 事件　　　D．Click 事件

9．执行指令 Circle (1000，1000)，500，8，−6，−3 将绘制(　　)。

　　A．画圆　　　　　　　B．椭圆　　　　　　　C．圆弧　　　　　　　D．扇形

二、填空题

1．容器的实际高度和宽度由_____和_____属性确定。

2．当 Scale 方法不带参数，则采用_____坐标系。

3．设 Picture1.ScaleLeft=−200，Picture1.ScaleTop=250，Picture1.ScaleWidth=500，Picture1.ScaleHeight = −400，则 Picture1 右下角的坐标为_____。

4．窗体 Form1 的左上角坐标为(−200，250)，窗体 Form1 右下角坐标为(300，−150)。X 轴的正向向_____，Y 轴的正向向上。

5．PictureBox 图形框控件的 AutoSize 属性设置为 True 时，_____能自动调整大小。

6．使用 Line 方法画矩形，必须在语法格式中使用关键字_____。

7．使用 Circle 方法画扇形，起始角、终止角取值范围为_____。

8．Circle 方法正向采用_____时针方向。

9．DrawStyle 属性用于设置所画线的形状，此属性受到_____属性的限制。

三、程序设计

1．在窗体上画出由函数 $x = \sin 2t \times \cos t$ 和 $y = \sin 2t \times \sin t$ 所产生的曲线，其中自变量的取值范围为 $0 \leq t \leq 2\pi$。

2．用 Line 方法在图形框中画一个红色五角星。

3. 用 Circle 方法在窗体上绘制由圆环构成的艺术图案。构造图案的算法为：将一个半径为 r 的圆周等分为 n 份，以这 n 个等分点为圆心，以半径 r_1 绘制 n 个圆。

4. 用 Circle 方法在图形框上画一个太极图（见图 8-21）。

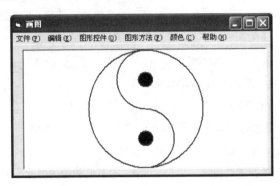

图 8-21　用 Circle 方法画太极图

5. 用 Pset 方法分别用红、蓝两种颜色在图形框中同时画出正弦和余弦曲线。

第9章 VB 数据库访问技术

9.1 数据库概述

9.1.1 VB 中的数据访问

VB 提供了两种与数据库引擎 Jet 相连的接口方法：Data 控件（Data Control）和数据访问对象（DAO）。Data 控件只提供了有限的不用编程就能访问现存数据库的功能，而 DAO 模型则是全面控制数据库的完整编程接口。这两种方法不是互斥的，实际上，它们可以同时使用。VB 中的数据库编程就是创建数据访问对象，这些数据访问对象对应于被访问的物理数据库的不同部分，如 Database（数据库）、Table（表）、Field（字段）和 Index（索引）对象。用这些对象的属性和方法来实现对数据库的操作。VB 通过 DAO 和 Jet 引擎可以识别如下三类数据库。

① VB 数据库：也称本地数据库，这类数据库文件使用与 Microsoft Access 相同的格式。Jet 引擎直接创建和操作这些数据库并且提供了最大限度的灵活性和速度。

② 外部数据库：VB 可以使用几种比较流行的索引顺序访问文件方法（ISAM）数据库，包括 dDase Ⅲ，dBase Ⅳ，FoxPro 2.0、2.5 以及 Paradox 3.x、4.x。在 VB 中可以创建和操作所有这些格式的数据库，也可以访问文本文件数据库和 Excel 或 Lotus 电子表格文件。

③ ODBC 数据库：包括符合 ODBC 标准的客户-服务器数据库，如 Microsoft SQL Server。如果要在 VB 中创建真正的客户-服务器应用程序，可以使用 ODBC Direct 直接把命令传递给服务器处理。

9.1.2 VB 数据库体系结构

VB 提供了基于 Microsoft Jet 数据库引擎的数据访问能力，Jet 引擎负责处理存储、检索、更新数据的结构，并提供了功能强大的面向对象的 DAO 编程接口。

1. VB 数据库应用程序的组成

VB 数据库应用程序包含三部分，如图 9-1 所示。

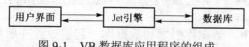

图 9-1　VB 数据库应用程序的组成

数据库引擎位于程序和物理数据库文件之间。这把用户与正在访问的特定数据库隔离开来，实现"透明"访问。不管这个数据库是本地的 VB 数据库，还是所支持的其他任何格式的数据库，所使用的数据访问对象和编程技术都是相同的。

（1）用户界面和应用程序代码

用户界面是用户所看见的用于交互的界面，它包括显示数据并允许用户查看或更新数据的窗体。驱动这些窗体的是应用程序的 VB 代码，包括用来请求数据库服务的数据访问对象和方法，比如添加或删除记录、执行查询等。

（2）Jet 引擎

Jet 引擎被包含在一组动态链接库（DLL）文件中。在运行时，这些文件被链接到 VB 程序。它把应用程序的请求翻译成对.mdb（Access 文件后缀）文件或其他数据库的物理操作。它真正读取、写入和修改数据库，并处理所有内部事务，如索引、锁定、安全性和引用完整性。它还包含一个查询处理器，接收并执行 SQL 查询，实现所需的数据操作。另外，它还包含一个结果处理器，用来管理查询所返回的结果。

（3）数据库

数据库是包含数据库表的一个或多个文件。对于本地 VB 或 Access 数据库来说，就是.mdb文件。对于 ISAM 数据库，它可能是包含.dbf（dBase 文件后缀）文件或其他扩展名的文件。或者，应用程序可能会访问保存在几个不同的数据库文件或格式中的数据。但无论在什么情况下，数据库本质上都是被动的，它包含数据但不对数据做任何操作。数据操作是数据库引擎的任务。

2．数据库应用程序的存放

数据库应用程序的这三个部分可以被分别放置在不同的位置上。可以把它们都放在一台计算机上，供单用户应用程序使用，也可以放置在通过网络连接起来的不同计算机上。例如，数据库可以驻留在中央服务器上，而用户界面（即应用程序）则驻留在几个客户机上，让许多用户访问相同的数据。

脱离开应用程序本身，将数据存放在另一台机器上的数据库应用程序，有远程数据库和客户-服务器数据库两种结构。它们的不同点如图 9-2 所示。

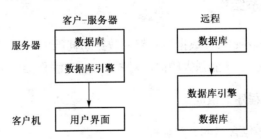

图 9-2　客户-服务器数据库与远程数据库的不同点

在客户-服务器系统中，数据库引擎和数据库一起被放置在服务器上。数据库引擎可以同时对多个客户机的应用程序提供服务、操作数据库并对每个本地应用程序返回所请求的记录。在远程系统中，数据库引擎与用户应用程序在相同的计算机上，只有数据库驻留在远程计算机上。

Jet 数据库引擎不是客户-服务器引擎，它是驻留在 DLL 文件中的本地数据库引擎，在运行时被动态地链接到 VB 应用程序中。如果程序在不同的工作站上有许多备份，那么每个备份都将有它自己的 Jet 数据库引擎在本地的备份。在 VB 中，通过连接到 ODBC 数据源，如 Microsoft SQL Server 等，可直接把查询传递给服务器数据库引擎，就可以创建客户-服务器应用程序。

9.2　本地数据库设计

VB 中创建数据库的途径主要如下。

① 可视化数据管理器：使用可视化数据管理器，不需要编程就可以创建 Jet 数据库。

② DAO：使用 VB 的 DAO 部件可以通过编程的方法创建数据库。

③ Microsoft Access：因为 Microsoft Access 使用了与 VB 相同的数据库引擎和格式，所以，用 Microsoft Access 创建的数据库和直接在 VB 中创建的数据库是一样的。

④ 数据库应用程序：像 FoxPro、dBase 或 ODBC 客户-服务器应用程序这样的产品，可以作为外部数据库，VB 可通过 ISAM 或 ODBC 驱动程序来访问这些数据库。

9.2.1　可视化数据管理器

数据管理器（Data Manager）是 VB 的一个传统成员，它可以快速地建立数据库结构及数据库内容。VB 的数据管理器实际上是一个独立的可单独运行的应用程序，它随安装过程放置在 VB 目录中，可以单独运行，也可以在 VB 开发环境中启动。凡是与 VB 有关的数据库操作，比如数据库结构的建立、记录的添加及修改，以及用 ODBC 连接到服务器端的数据库（如 SQL Server），都可以利用此工具来完成。

1. 启动数据管理器

选择"外接程序"菜单下的"可视化数据管理器"命令就可以启动数据管理器，打开 VisData 窗口。

2. 工具栏按钮

VisData 窗口的工具栏提供了三组共 9 个按钮，为了说明这些按钮所提供的功能，我们利用 VB 提供的一个例子——数据库 Biblio.mdb 来介绍。

Biblio.mdb 存放在 VB 目录中，单击"文件"→"打开数据库"→"Microsoft Access"命令，即可在出现的对话框中看到 Biblio.mdb，选中并打开它，打开后的 VisData 窗口如图 9-3 所示。

图 9-3　VisData 窗口

可以看到，在这个 MDI 窗口内包含两个子窗口：数据库窗口和 SQL 语句窗口。数据库窗口显示了数据库的结构，包括表名、列名、索引。SQL 语句窗口可用于输入一些 SQL 命令，针对数据库中的表进行查询操作。

下面对工具栏上的按钮进行简单的说明。

（1）类型群组按钮

工具栏的第一组按钮，它可以设置记录集的访问方式，具体如下。

① 表类型记录集按钮（最左边的按钮）：当以这种方式打开数据库中的数据时，所进行的增、删、改、查等操作都是直接更新数据库中的数据。

② 动态集类型记录集按钮（中间的按钮）：使用这种方式是先将指定的数据打开并读入到内存中，当用户进行数据编辑操作时，不直接影响数据库中的数据。使用这种方式可以加快运行速度。

③ 快照类型记录集（最右边的按钮）：以这种类型显示的数据只能读不能修改，适用于只查询的情况。

（2）数据群组按钮

工具栏中间的一组按钮，用于指定数据表中数据的显示方式。先用鼠标在要显示风格的按钮上单击一下，然后选中某个要显示数据的数据表，单击鼠标右键，在弹出的菜单上选择"打开"命令，则此表中的数据就以所要求的形式显示出来了。

（3）事务方式群组按钮

工具栏的最后一组按钮用于进行事务处理。

9.2.2　数据库建立及操作

1. 建立数据库

下面介绍如何建立数据库，这里所建立的数据库 student.mdb（学生数据库）中各表如下：

基本情况（学号，姓名，性别，专业，出生年月，照片，备注）；

学生成绩表（学号，课程，成绩，学期）。

（1）建立数据库结构

单击"文件"→"新建"→"Microsoft　Access"→"版本 7.0 MDB"命令，在"选择要创建的 Microsoft Access 数据库"窗口中选定新建数据库的路径并输入数据库名，这里为 student.mdb。

这样一个新的数据库就建立好了，下面就要在此数据库中添加数据表了。

（2）添加数据表

将鼠标移到数据库窗口区域内，单击鼠标右键，在弹出的菜单中选择"新建表"命令，出现"表结构"对话框，利用该对话框可以建立数据表的结构。

首先建立基本情况表。在"表名称"中输入"基本情况"，然后添加基本情况表的字段，单击"添加字段"按钮，出现"添加字段"对话框，在此对话框中填入"学号"字段的信息。

按顺序输入"姓名"、"性别"、"专业"、"出生年月"、"照片"、"备注"字段，然后单击"关闭"按钮返回"表结构"对话框。

（3）建立索引

建立了表的结构后就可以建立此表的索引了，这样可以加快检索速度。单击"添加索引"按钮，会出现如图 9-4 所示的对话框，通过此对话框可以将数据表的某些字段设置为索引。在"名称"文本框中输入索引的名称，然后从下边的"可用字段"列表框中选择作为索引的字段，这里选择的是"学号"。

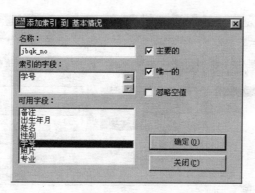

图 9-4　设置索引

如果需要建立多个索引，则每完成一项索引后，单击"确定"按钮，然后继续下一个索引的设置。设置完毕后，单击"关闭"按钮返回"表结构"对话框。

2．录入数据

数据表结构建立好之后，就可以向表中输入数据了，数据管理器提供了简单的数据录入功能。

在工具栏上单击 DBGrid 显示风格的按钮，然后在要录入数据的数据表上单击鼠标右键，选择"打开"命令，则出现以网格风格显示数据的窗口，如果此表中已有数据，则此时显示出此表中的全部数据；若此表中无数据，则显示出一个空表。如图 9-5 所示，这里是以"基本情况"表为例，并且输入了部分数据后的情况。

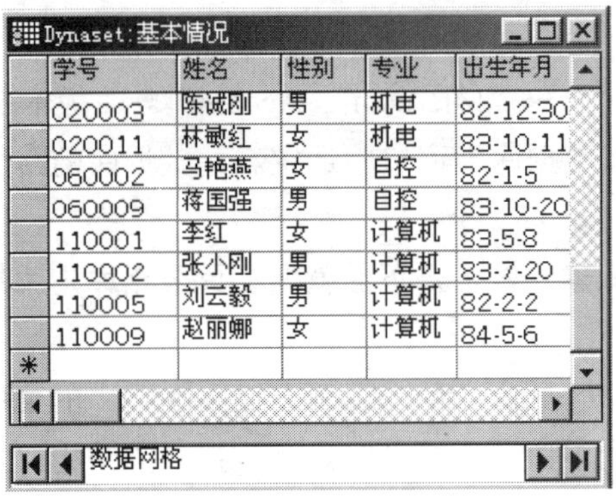

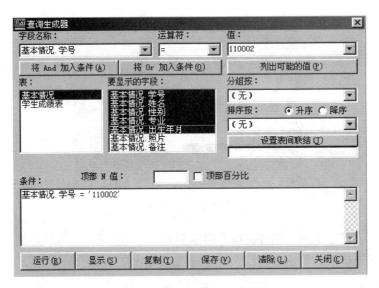

图 9-5　显示数据

3. 建立查询

数据表建立好之后，如果数据表中已经有数据，可以对表中的数据进行有条件或无条件的查询。VB 的数据管理器提供了一个图形化的设置查询条件的窗口——查询生成器。选择"实用程序"菜单下的"查询生成器"命令，或在数据库窗口区域单击鼠标右键，然后在弹出的菜单中选择"新查询"命令，即可出现"查询生成器"对话框，如图 9-6 所示。

图 9-6　"查询生成器"对话框

假设要查询学号为 110002 的学生的基本情况，可按下述步骤进行。

① 首先选择要进行查询的数据表，单击"表"列表框中的"基本情况"表。

② 在"字段名称"下拉列表框中选定"基本情况.学号"。

③ 单击"运算符"下拉列表框，选择"="。

④ 单击"列出可能的值"按钮，在"值"中输入 110002。

⑤ 单击"将 And 加入条件"按钮，将条件加入"条件"列表框中。

⑥ 在"要显示的字段"列表框中，选定需要显示的字段。注意，这里所选的字段就是在查询结果中要查看的字段。

⑦ 单击"运行"按钮，在随后出现的 VisData 对话框中，选择"否"，并进一步选择"运行"，即可看到查询结果。

⑧ 单击"显示"按钮，在随后出现的"SQL Query"窗口中，会显示刚建立的查询所对应的 SQL 语句。

9.3　数据控件

Data 控件是 Visual Basic 访问数据库的一种利器，它能够利用三种 Recordset 对象来访问数据库中的数据，数据控件提供有限的不用编程就能访问现存数据库的功能，允许将 Visual Basic 的窗体与数据库方便地连接。要利用数据控件返回数据库中记录的集合，应先在窗体上画出控件，再通过它的三个基本属性 Connect、DatabaseName 和 RecordSource 设置要访问的数据资源。

9.3.1　数据控件的属性

1. Connect 属性

Connect 属性指定数据控件所要连接的数据库类型，Visual Basic 默认的数据库是 Access 的 MDB 文件，此外也可连接 DBF、XLS、ODBC 等类型的数据库。

2. DatabaseName 属性

DatabaseName 属性指定具体使用的数据库文件名，包括所有的路径名。如果连接的是单表数据库，则 DatabaseName 属性应设置为数据库文件所在的子目录名，而具体文件名放在 RecordSource 属性中。

例如，要连接一个 Microsoft Access 的数据库 C:\student.mdb，则设置 DatabaseName= "C:\student.mdb"，Access 数据库的所有表都包含在一个 MDB 文件中。如果连接一个 VB 数据库 C:\VB6\stu_fox.dbf，则 DatabaseName="C:\VB6"，RecordSource="stu_fox.dbf"，stu_fox 数据库只含有一个表。

3. RecordSource 属性

RecordSource 确定具体可访问的数据，这些数据构成记录集对象 Recordset。该属性值可以是数据库中的单个表名，可以是一个存储查询，也可以是使用 SQL 查询语言的一个查询字符串。

例如，要指定 student.mdb 数据库中的基本情况表，则 RecordSource="基本情况"。而 RecordSource="Select * From 基本情况 Where 专业='物理' "，则表示要访问基本情况表中所有物理系学生的数据。

4．RecordType 属性

RecordType 属性确定记录集类型。

5．EofAction 和 BofAction 属性

当记录指针指向 Recordset 对象的开始(第一个记录前)或结束(最后一个记录后)时，数据控件的 EofAction 和 BofAction 属性的设置或返回值决定了数据控件要采取的操作。属性的取值见表 9-1。

表 9-1　EofAction 和 BofAction 属性

属性	取值	操作
BofAction	0	控件重定位到第一个记录
	1	移过记录集开始位，定位到一个无效记录，触发数据控件对第一个记录的无效事件 Validate
EofAction	0	控件重定位到最后一个记录
	1	移过记录集结束位，定位到一个无效记录，触发数据控件对最后一个记录的无效事件 Validate
	2	向记录集加入新的空记录，可以对新记录进行编辑，移动记录指针，新记录写入数据库

在 Visual Basic 中，数据控件本身不能直接显示记录集中的数据，必须通过能与它绑定的控件来实现。可与数据控件绑定的控件对象有文本框、标签、图像框、图形框、列表框、组合框、复选框、网格、DB 列表框、DB 组合框、DB 网格、OLE 容器等控件。要使绑定控件能被数据库约束，必须在设计或运行时对这些控件的两个属性进行设置。

（1）DataSource 属性

DataSource 属性通过指定一个有效的数据控件连接到一个数据库上。

（2）DataField 属性

DataField 属性设置数据库有效的字段与绑定控件建立联系。

绑定控件、数据控件和数据库三者的关系如图 9-7 所示。

图 9-7　绑定控件、数据控件和数据库三者的关系

当上述控件与数据控件绑定后，Visual Basic 将当前记录的字段值赋给控件。如果修改了绑定控件内的数据，只要移动记录指针，修改后的数据会自动写入数据库。数据控件在装入数据库时，它把记录集的第一个记录作为当前记录。当数据控件的 BofAction 属性值设置为 2 时，当记录指针移过记录集结束位，数据控件会自动向记录集加入新的空记录。

例 9.1　建立 student.mdb 数据库，它包含两个表："基本情况表"和"学生成绩表"，见表 9-2 和表 9-3。

表 9-2　基本情况表结构

字段名	类型	宽度
学号	Text	6
姓名	Text	10
性别	Text	2
专业	Text	10
出生年月	Date	8
照片	Binary	0

表 9-3　学生成绩表结构

字段名	类型	宽度
学号	Text	6
课程	Text	10
成绩	Long	4
学期	Text	2

用可视化数据管理器建立以上设计的数据库及其表，表中数据可自行录入。

例 9.2　设计一个窗体用于显示建立的 student.mdb 数据库中基本情况表的内容。

基本情况表包含了 6 个字段，故需要用 6 个绑定控件与之对应。这里用一个图形框显示照片和 5 个文本框显示学号、姓名等数据。本例中不需要编写任何代码，具体操作步骤如下。

① 参考如图 9-8 所示窗体，在窗体上放置 1 个数据控件、1 个图形框、5 个文本框和 5 个标签控件。5 个标签控件分别给出相关的提示说明。

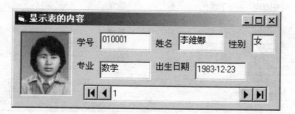

图 9-8　显示 student.mdb 基本情况表的数据

② 将数据控件 Data1 的 Connect 属性指定为 Access 类型，DatabaseName 属性连接数据库 student.mdb，RecordSource 属性设置为"基本情况"。

③ 图形框和 5 个文本框控件 Text1～Text5 的 DataSource 属性都设置成 Data1。通过单击这些绑定控件的 DataField 属性上的"…"按钮，将显示基本情况表所含的全部字段，分别选择与其对应的字段照片、学号、姓名、性别、专业和出生年月，使之建立约束关系。

运行该工程即可出现图 9-8 所示效果。5 个文本框分别显示基本情况表内的字段：学号、姓名、性别、专业和出生年月，图形框显示学生的照片。

使用数据控件对象的 4 个箭头按钮可遍历整个记录集中的记录。单击最左边的按钮显示第 1 条记录，单击其旁边的按钮显示上一条记录，单击最右边的按钮显示最后一条记录，单击其旁边的按钮显示下一条记录。数据控件除了可以浏览 Recordset 对象中的记录外，同时还可以编辑数据。如果改变了某个字段的值，只要移动记录，这时所做的改变会存入数据库中。

Visual Basic 6.0 提供了几个比较复杂的网格控件，几乎不用编写代码就可以实现多条记录数据显示。当把数据网格控件的 DataSource 属性设置为一个 Data 控件时，网格控件会被自动地填充，并且其列标题会用 Data 控件的记录集里的数据自动地设置。

例 9.3 用数据网格控件 MsFlexGrid 显示 student.mdb 数据库中基本情况表的内容。

MsFlexGrid 控件不是 Visual Basic 工具箱内的默认控件，需要在开发环境中选择"工程"→ "部件"命令，并在随即出现的对话框中选择"MicroSoft FlexGrid Control 6.0"选项，将其添加到工具箱中。本例所用控件的属性设置见表 9-4。请读者自行比较不可卷动列属性 FixedCols=0 与 FixedCols=1 的区别。Form 启动后自动显示如图 9-9 所示的窗口。

表 9-4　控件属性

默认控件名	其他属性设置
Data1	DatabaseName="c:\student.mdb" RecordsetType=0 RecordSource="基本情况"
MSFlexGrid1	DataSource=Data1 FixedCols=0

图 9-9　使用数据网格控件

9.3.2　数据控件的事件

1．Reposition 事件

Reposition 事件发生在一条记录成为当前记录后，只要改变记录集的指针使其从一条记录移到另一条记录，会产生 Reposition 事件。通常，可以在这个事件中显示当前指针的位置。例如，在例 9.2 的 Data1_Reposition 事件中加入如下代码：

```
Private Sub Data1_Reposition()
  Data1.Caption = Data1.Recordset.AbsolutePosition + 1
End Sub
```

这里，Recordset 为记录集对象，AbsolutePosition 属性指示当前指针值(从 0 开始)。当单击数据控件对象上的箭头按钮时，数据控件的标题区会显示记录的序号。

2. Validate 事件

当要移动记录指针、修改与删除记录前或卸载含有数据控件的窗体时都会触发 Validate 事件。Validate 事件检查被数据控件绑定的控件内的数据是否发生变化。它通过 Save 参数(True 或 False)判断是否有数据发生变化，Action 参数判断哪一种操作触发了 Validate 事件。参数可为表 9-5 中的值。

表 9-5　Validate 事件的 Action 参数

Action 值	描述	Action 值	描述
0	取消对数据控件的操作	6	Update
1	MoveFirst	7	Delete
2	MovePrevious	8	Find
3	MoveNext	12	设置 Bookmark
4	MoveLast	10	Close
5	AddNew	11	卸载窗体

一般可用 Validate 事件来检查数据的有效性。例如，在例 9.2 中，如果不允许用户在数据浏览时清空性别数据，可使用下列代码：

```
Private Sub Data1_Validate(Action As Integer, Save As Integer)
  If Save And Len(Trim(Text3)) = 0 Then
    Action = 0
    MsgBox " 性别不能为空！"
  End If
End Sub
```

此代码检查被数据控件绑定的控件 Text3 内的数据是否被清空。如果 Text3 内的数据发生变化，则 Save 参数返回 True，若性别对应的文本框 Text3 被置空，则通过 Action=0 取消对数据控件的操作。

9.3.3　数据控件的常用方法

数据控件的内置功能很多，可以在代码中用数据控件的方法访问这些属性。

1. Refresh 方法

如果在设计状态没有为打开数据库控件的有关属性全部赋值，或当 RecordSource 在运行时被改变后，必须使用数据控件的 Refresh 方法激活这些变化。在多用户环境下，当其他用户同时访问同一数据库和表时，Refresh 方法将使各用户对数据库的操作有效。

例如，将例 9.2 的设计参数改用代码实现，使所连接数据库所在的文件夹可随程序而变化：

```
Private Sub Form_Load( )
  Dim mpath As String
  Mpath=App.Path                                  '获取当前路径
  If Right(mpath,1)<>"/" Then mpath=mpath+"/"
  Data1.DatabaseName=mpath+"student.mdb"          '连接数据库
  Data1.RecordSource="基本情况"                    '构成记录集对象
  Data1.Refresh                                   '激活数据控件
End Sub
```

2．UpdateControls 方法

UpdateControls 方法可以将数据从数据库中重新读到被数据控件绑定的控件内。因而我们可使用 UpdateControls 方法终止用户对绑定控件内数据的修改。

例如，将代码 Data1.UpdateControts 放在一个命令按钮的 Click 事件中，就可以实现对记录修改的功能。

3．UpdateRecord 方法

当对绑定控件内的数据修改后，数据控件需要移动记录集的指针才能保存修改。如果使用 UpdateRecord 方法，可强制数据控件将绑定控件内的数据写入数据库，而不再触发 Validate 事件。在代码中可以用该方法来确认修改。

9.3.4　记录集的属性与方法

由 RecordSource 确定的具体可访问的数据构成的记录集 Recordset 也是一个对象，因而，它和其他对象一样具有属性和方法。下面列出记录集常用的属性和方法。

1．AbsolutePosition 属性

AbsolutePosition 返回当前指针值，如果是第 1 条记录，其值为 0，该属性为只读属性。

2．Bof 和 Eof 的属性

Bof 判定记录指针是否在首记录之前，若 Bof 为 True，则当前位置位于记录集的第 1 条记录之前。与此类似，Eof 判定记录指针是否在末记录之后。

3．Bookmark 属性

Bookmark 属性的值采用字符串类型，用于设置或返回当前指针的标签。在程序中可以使用 Bookmark 属性重定位记录集的指针，但不能使用 AbsolutePostion 属性。

4．Nomatch 属性

在记录集中进行查找时，如果找到相匹配的记录，则 Recordset 的 NoMatch 属性为 False，否则为 True。该属性常与 Bookmark 属性一起使用。

5．RecordCount 属性

RecordCount 属性对 Recordset 对象中的记录计数，该属性为只读属性。在多用户环境下，RecordCount 属性值可能不准确，为了获得准确值，在读取 RecordCount 属性值之前，可使用 MoveLast 方法将记录指针移至最后一条记录上。

6．Move 方法

使用 Move 方法可代替对数据控件对象的 4 个箭头按钮来遍历整个记录集。5 种 Move 方法如下。

① MoveFirst 方法：移至第 1 条记录。

② MoveLast 方法：移至最后一条记录。

③ MoveNext 方法：移至下一条记录。

④ MovePrevious 方法：移至上一条记录。

⑤ Move [n]方法：向前或向后移 *n* 条记录，*n* 为指定的数值。

例 9.4　在窗体上用 4 个命令按钮代替例 9.2 数据控件对象的 4 个箭头按钮。

在例 9.2 的基础上，在窗体上增加 4 个命令按钮，将数据控件的 Visible 属性设置为 False，如图 9-10 所示。通过对 4 个命令按钮的编程代替对数据控件对象的 4 个箭头按钮的操作。

图 9-10　用按钮代替数据控件对象的箭头按钮

命令按钮 Command1_Click 事件移至第 1 条记录，代码如下：

```
Private Sub Command1_Click()
    Data1.Recordset.MoveFirst
End Sub
```

命令按钮 Command4_Click 事件移至最后一条记录，代码如下：

```
Private Sub Command4_Click()
    Data1.Recordset.MoveLast
End Sub
```

另外两个按钮的代码需要考虑 Recordset 对象的边界的首尾，如果越界，则用 MoveFirst 方法定位到第 1 条记录或用 MoveLast 方法定位到最后一条记录。程序代码如下：

```
Private Sub Command2_Click()
    Data1.Recordset.MovePrevious
    If Data1.Recordset.Bof Then Data1.Recordset.MoveFirst
End Sub
Private Sub Command3_Click()
    Data1.Recordset.MoveNext
    If Data1.Recordset.Eof Then Data1.Recordset.MoveLast
End Sub
```

7．Find 方法

使用 Find 方法可在指定的 Dynaset 或 Snapshot 类型的 Recordset 对象中查找与指定条件相符的一条记录，并使之成为当前记录。4 种 Find 方法如下。

① FindFirst 方法：从记录集的开始查找满足条件的第 1 条记录。

② FindLast 方法：从记录集的尾部向前查找满足条件的第 1 条记录。

③ FindNext 方法：从当前记录开始查找满足条件的下一条记录。

④ FindPrevious 方法：从当前记录开始查找满足条件的上一条记录。

4 种 Find 方法的语法格式相同：

数据集合.Find方法　条件

条件是一个指定字段与常量关系的字符串表达式。在构造表达式时，除了用普通的关系运算外，还可以用 Like 运算符。

例如，语句 `Data1.Recordset.FindFirst　专业='物理'` 表示在由 Data1 数据控件所连接的数据库 student.mdb 的记录集内查找专业为物理的第 1 条记录。这里，"专业"为数据库记录集中的字段名，在该字段中存放专业名称信息。要想查找下一条符合条件的记录，可继续使用语句：`Data1.Recordset.FindNext　专业='物理'`。

例如，要在记录集内查找名称中带有"建"字的专业：

`Data1.Recordset.FindFirst 专业 Like "*建*"`

字符串"*建*"匹配字段专业中带有"建"字的所有专业名称字符串。

需要指出的是 Find 方法在找不到相匹配的记录时，当前记录保持在查找的开始处，NoMatch 属性为 True。如果 Find 方法找到相匹配的记录，则记录定位到该记录，Recordset 的 NoMatch 属性为 False。

8．Seek 方法

使用 Seek 方法必须打开表的索引，它在 Table 表中查找与指定索引规则相符的第 1 条记录，并使之成为当前记录。其语法格式为：

数据表对象.Seek Comparison,Keyl,Key2…

Seek 允许接收多个参数，第 1 个是比较运算符 Comparison，Seek 方法中可用的比较运算符有=、>=、>、<>、<、<=等。

在使用 Seek 方法定位记录时，必须通过 Index 属性设置索引。若在记录集中多次使用同样的 Seek 方法(参数相同)，那么找到的总是同一条记录。

例如，假设数据库 student 内基本情况表的索引字段为学号，满足学号字段值大于等于 110001 的第 1 条记录可使用以下程序代码：

```
Data1.RecordsetType = 0                    '设置记录集类型为 Table
Data1.RecordSource = "基本情况"            '打开基本情况表单
Data1.Refresh
Data1.Recordset.Index = "jbqk_no"         '打开名称为 jbqk_no 的索引
Data1.Recordset.Seek ">=", "110001"
```

9.3.5　数据库记录的增、删、改操作

Data 控件是浏览表格并编辑表格的好工具，但怎么输入新信息或删除现有记录呢?这需要编写几行代码，否则无法在 Data 控件上完成数据输入。数据库记录的增、删、改操作需要使用 AddNew、Delete、Edit、Update 和 Refresh 方法。它们的语法格式为：

数据控件.记录集.方法名

1. 增加记录

AddNew 方法可在记录集中增加新记录。增加记录的步骤如下。

① 调用 AddNew 方法。

② 给各字段赋值。给字段赋值格式为：

Recordset.Fields("字段名")=值

③ 调用 Update 方法，确定所做的添加，将缓冲区内的数据写入数据库。

注意：如果使用 AddNew 方法添加新的记录，但是没有使用 Update 方法而移动到其他记录，或者关闭记录集，那么所做的输入将全部丢失，而且没有任何警告。当调用 Update 方法写入记录后，记录指针自动返回到添加新记录前的位置上，而不显示新记录。为此，可在调用 Update 方法后，使用 MoveLast 方法将记录指针再次移到新记录上。

2. 删除记录

要从记录集中删除记录的操作分为三步：

① 定位被删除的记录使之成为当前记录。

② 调用 Delete 方法。

③ 移动记录指针。

注意：在使用 Delete 方法时，当前记录立即删除，不加任何的警告或者提示。删除

一条记录后，被数据库所约束的绑定控件仍旧显示该记录的内容。因此，必须移动记录指针刷新绑定控件，一般采用移至下一记录的处理方法。在移动记录指针后，应该检查 Eof 属性。

3．编辑记录

数据控件自动提供了修改现有记录的能力，当直接改变被数据库所约束的绑定控件的内容后，须单击数据控件对象的任一箭头按钮来改变当前记录，确定所做的修改。也可通过程序代码来修改记录，使用程序代码修改当前记录的步骤为：

① 调用 Edit 方法。

② 给各字段赋值。

③ 调用 Update 方法，确定所做的修改。

注意：如果要放弃对数据的所有修改，可用 Refresh 方法，重读数据库，没有调用 Update 方法，数据的修改就没有写入数据库，所以这样的记录会在刷新记录集时丢失。

例 9.5 在例 9.2 的基础上加入"新增"、"删除"、"修改"、"放弃"和"查找"按钮，通过对 5 个按钮的编程建立增、删、改、查功能，如图 9-11 所示。

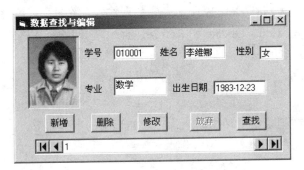

图 9-11 建立增、删、改、查功能

Command1_Click 事件的功能根据按钮提示文字调用 AddNew 方法或 Update 方法，并且控制其他 4 个按钮的可用性。当按钮提示为"新增"时调用 AddNew 方法，并将提示文字改为"确认"，同时使"删除"按钮 Command2、"修改"按钮 Command3 和"查找"按钮 Command5 不可用，而使"放弃"按钮 Command4 可用。新增记录后，须再次单击 Command1 调用 Update 方法确认添加的记录，再将提示文字再改为"新增"，并使"删除"、"修改"和"查找"按钮可用，而使"放弃"按钮不可用。程序中出现的 On Error Resume Next 语句是 Visual Basic 提供的错误捕获语句。该语句表示在程序运行时发生错误，忽略错误行，继续执行下一语句。

```
Private Sub Command1_Click()
  On Error Resume Next
  Command2.Enabled = Not Command2.Enabled
  Command3.Enabled = Not Command3.Enabled
  Command4.Enabled = Not Command4.Enabled
```

```
      Command5.Enabled = Not Command5.Enabled
    If Command1.Caption = "新增" Then
        Command1.Caption = "确认"
        Data1.Recordset.AddNew
        Text1.SetFocus
    Else
        Command1.Caption = "新增"
        Data1.Recordset.Update
        Data1.Recordset.MoveLast
    End If
End Sub
```

命令按钮 Command2_Click 事件调用方法删除当前记录。当记录集中的记录全部被删除后，再执行 Move 语句将发生错误，这时由 On Error Resume Next 语句处理错误。

```
Private Sub Command2_Click()
  On Error Resume Next
  Data1.Recordset.Delete
  Data1.Recordset.MoveNext
  If Data1.Recordset.Eof Then Data1.Recordset.MoveLast
End Sub
```

命令按钮 Command3_Click 事件的编程思路与 Command1_Click 事件类似，根据按钮提示文字调用 Edit 方法进入编辑状态或调用 Update 方法将修改后的数据写入数据库，并控制其他 3 个按钮的可用性，代码如下：

```
Private Sub Command3_Click()
  On Error Resume Next
  Command1.Enabled = Not Command1.Enabled
  Command2.Enabled = Not Command2.Enabled
  Command4.Enabled = Not Command4.Enabled
  Command5.Enabled = Not Command5.Enabled
  If Command3.Caption = "修改" Then
      Command3.Caption = "确认"
      Data1.Recordset.Edit
      Text1.SetFocus
  Else
      Command3.Caption = "修改"
      Data1.Recordset.Update
  End If
End Sub
```

命令按钮 Command4_Click 事件使用 UpdateControls 方法放弃操作，代码如下：

```
Private Sub Command4_Click()
  On Error Resume Next
  Command1.Caption = "新增"
  Command3.Caption = "修改"
  Command1.Enabled = True
  Command2.Enabled = True
  Command3.Enabled = True
  Command4.Enabled = False
  Command5.Enabled = True
  Data1.UpdateControls
  Dala1.Recordset.MoveLast
End Sub
```

命令按钮 Command5_Click 事件根据输入专业使用 SQL 语句查找记录，代码如下：

```
Private Sub Command5_Click()
  Dim mzy As String
  mzy = InputBox$("请输入专业", "查找窗")
  Data1.RecordSource = "Select * From 基本情况 Where 专业 = '" & mzy & "'"
  Data1.Refresh
  If Data1.Recordset.Eof Then
    MsgBox "无此专业!", , "提示"
    Data1.RecordSource = "基本情况"
    Data1.Refresh
  End If
End Sub
```

上面的代码给出了数据表内数据处理的基本方法。需要注意的是：对于一条新记录或编辑过的记录必须要保证数据的完整性，这可通过 Data1_Validate 事件过滤无效记录。例如，下面的代码对学号字段进行测试，如果学号为空则输入无效。在本例中被学号字段所约束的绑定控件是 Text1，可用 Text1.DataChanged 属性检测 Text1 控件所对应的当前记录中的字段值的内容是否发生了变化，Action=6 表示 Update 操作（表 9-5）。此外，使用数据控件对象的任一箭头按钮来改变当前记录，也可确定所做添加的新记录或对已有记录的修改，Action 取值 1～4 分别对应单击其中一个箭头按钮的操作，当单击数据控件的箭头按钮时也触发了 Validate 事件。

```
Private Sub Data1_Validate(Action As Integer, Save As Integer)
  If Text1.Text = "" And (Action = 6 Or Text1.DataChanged) Then
    MsgBox "数据不完整,必须要有学号!"
    Data1.UpdateControls
  End If
  If Action >= 1 And Action <= 4 Then
    Command1.Caption = "新增"
```

```
        Command3.Caption = "修改"
        Command1.Enabled = True
        Command2.Enabled = True
        Command3.Enabled = True
        Command4.Enabled = False
    End If
End Sub
```

关于照片的输入，较简单的方法是通过剪贴板将照片图片复制到 Picture1 控件中。在输入照片时，事先需要用扫描仪将照片扫描到内存或形成图形文件，通过一个图片编辑程序将照片装入剪贴板，然后再从剪贴板复制到 Picture1 控件中。本例通过 Picture1_DblClick 事件来完成剪贴板到 Picture1 控件的复制，当移动记录指针时，Picture1 控件内的照片存入数据库，此外，也可以使用 OLE 拖曳技术将照片图形文件拖到 Picture1 控件或其他图形容器内。

```
    Private Sub Picture1_DblClick()
        Picture1.Picture = Clipboard.GetData
    End Sub
```

9.4　ADO 数据控件

9.4.1　ADO 对象模型

ADO（ActiveX Data Object）数据访问接口是 Microsoft 处理数据库信息的最新技术。它是一种 ActiveX 对象，采用了被称为 OLE DB 的数据访问模式，是数据访问对象（DAO）、远程数据对象（RDO）和开放数据库互连（ODBC）三种方式的扩展。ADO 对象模型定义了一个可编程的分层对象集合，主要由三个对象成员（Connection、Command 和 Recordset 对象），以及几个集合对象（Error、Parameter 和 Field 等）所组成。图 9-12 表示了这些对象之间的关系。表 9-6 是对这些对象的分工描述。

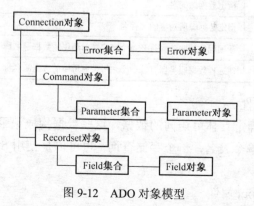

图 9-12　ADO 对象模型

表 9-6　ADO 对象描述

对象名	描述
Connection	连接数据来源
Command	从数据源获取所需数据的命令信息
Recordset	所获得的一组记录组成的记录集
Error	在访问数据时，由数据源所返回的错误信息
Parameter	与命令对象有关的参数
Field	包含了记录集中某个字段的信息

要想在程序中使用 ADO 对象，必须先为当前工程引用 ADO 的对象库。引用方式是执行"工程"菜单的"引用"命令，启动引用对话框，在其中选取"Microsoft ActiveX Data Objects 2.0 Library"选项。

9.4.2　使用 ADO 数据控件

在使用 ADO 数据控件前，必须先通过"工程"→"部件"命令选择"Microsoft ADO Data Control 6.0（OLEDB）"选项，将 ADO 数据控件添加到工具箱。ADO 数据控件与 Visual Basic 的内部 Data 控件很相似，它允许使用 ADO 数据控件的基本属性快速地创建与数据库的连接。

1．ADO 数据控件的基本属性

（1）ConnectionString 属性

ADO 控件没有 DatabaseName 属性，它使用 ConnectionString 属性与数据库建立连接。该属性包含了用于与数据源建立连接的相关信息，ConnectionString 属性带有 4 个参数，见表 9-7。

表 9-7　ConnectionString 属性参数

参数	描述
Provide	指定数据源的名称
FileName	指定数据源所对应的文件名
RemoteProvide	在远程数据服务器打开一个客户端时所用的数据源名称
RemoteServer	在远程数据服务器打开一个主机端时所用的数据源名称

（2）RecordSource 属性

RecordSource 属性确定具体可访问的数据，这些数据构成记录集对象 Recordset。该属性值可以是数据库中的单个表名，一个存储查询，也可以是使用 SQL 查询语言的一个查询字符串。

（3）ConnectionTimeout 属性

该属性用于数据连接的超时设置，若在指定时间内连接不成功则显示超时信息。

（4）MaxRecords 属性

该属性定义从一个查询中最多能返回的记录数。

2．ADO 数据控件的方法和事件

ADO 数据控件的方法和事件与 Data 控件的方法和事件完全一样。

3．设置 ADO 数据控件的属性

下面通过使用 ADO 数据控件连接 student.mdb 数据库来说明 ADO 数据控件属性的设置。

步骤 1：在窗体上放置 ADO 数据控件，控件名采用默认名 Adodcl。

步骤 2：单击 ADO 控件属性窗口中的 ConnectionString 属性右边的“…”按钮，弹出“属性页”对话框。在该对话框中允许通过三种不同的方式连接数据源。

“使用连接字符串”只需要单击“生成”按钮，通过选项设置自动产生连接字符串。

“使用 Data Link 文件”表示通过一个连接文件来完成。

“使用 ODBC 数据资源名称”可以通过下拉列表框，选择某个创建好的数据源名称（DSN），作为数据来源对远程数据库进行控制。

步骤 3：采用“使用连接字符串”方式连接数据源。单击“生成”按钮，打开“数据链接属性”对话框。在“提供者”选项卡内选择一个合适的 OLE DB 数据源，student.mdb 是 Access 数据库，选择“Microsoft Jet 3.51 OLE DB Provider”选项。然后单击“下一步”按钮或打开“连接”选项卡，在对话框内指定数据库文件，这里为 student.mdb。为保证连接有效，可单击“连接”选项卡右下方的“测试连接”按钮，如果测试成功则关闭 ConnectionString 属性页。

步骤 4：单击 ADO 控件属性窗口中的 RecordSource 属性右边的“…”按钮，弹出记录源属性页对话框。

在“命令类型”下拉列表框中选择“2–adCmdTable”选项，在“表或存储过程名称”下拉列表框中选择 student.mdb 数据库中的“基本情况”表，关闭记录源属性页。此时，已完成了 ADO 数据控件的连接工作。

由于 ADO 数据控件是一个 ActiveX 控件，也可以用鼠标右键单击 ADO 数据控件，在弹出的快捷菜单中选择“ADODC 属性”命令，打开 ADO 数据控件属性页对话框，依次完成步骤 1～步骤 4 的全部设置。

9.4.3　ADO 数据控件上新增绑定控件的使用

随着 ADO 对象模型的引入，Visual Basic 6.0 除了保留以往的一些绑定控件外，又提供了一些新的成员来连接不同数据类型的数据。这些新成员主要有 DataGrid、DataCombo、DataList、DataReport、MSHFlexGrid、MSChart 和 MonthView 等控件。这些新增绑定控件必须使用 ADO 数据控件进行绑定。

Visual Basic 6.0 在绑定控件上不仅对 DataSource 和 DataField 属性在连接功能上做了改进，又增加了 DataMember 与 DataFormat 属性使数据访问的队列更加完整。DataMember 属性允许处理多个数据集，DataFormat 属性用于指定数据内容的显示格式。

例 9.6 使用 ADO 数据控件和 DataGrid 数据网格控件浏览数据库 student.mdb，并使之具有编辑功能。

在窗体上放置 ADO 数据控件，并按前面介绍的 ADO 数据控件属性设置过程连接数据库 student.mdb 中的基本情况表。

DataGrid 控件允许用户同时浏览或修改多个记录的数据。在使用 DataGrid 控件前也必须先通过"工程"→"部件"命令选择"Microsoft DataGrid Control 6.0(OLEDB)"选项，将 DataGrid 控件添加到工具箱，再将 DataGrid 控件放置到窗体上。设置 DataGrid 网格控件的 DataSource 属性为 Adodc1，就可将 DataGrid1 绑定到数据控件 Adodc1 上。

显示在 DataGrid 网格内的记录集，可以通过 DataGrid 控件的 AllowAddNew、AllowDelete 和 AllowUpdate 属性设置控制增、删、改操作。

如果要改变 DataGrid 网格上显示的字段，可用鼠标右键单击 DataGrid 控件，在弹出的快捷菜单中选择"检索字段"命令。Visual Basic 提示是否替换现有的网格布局，单击"是"按钮就可将表中的字段装载到 DataGrid 控件中。再次用鼠标右键单击 DataGrid 控件，在弹出的快捷菜单中选择"编辑"命令，进入数据网格字段布局的编辑状态，此时，当鼠标指在字段名上时，鼠标指针变成黑色向下箭头。用鼠标右键单击需要修改的字段名，在弹出的快捷菜单中选择"删除"命令，就可从 DataGrid 控件中删除该字段，也可选择"属性"命令修改字段的显示宽度或字段标题。

图 9-13 所示为具有增、删、改功能的数据网格绑定。标有*号的记录行表示允许增加新记录。

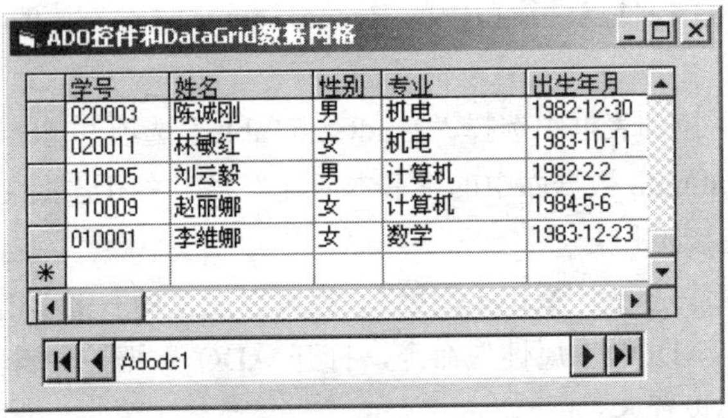

图 9-13　具有增、删、改功能的数据网格绑定

9.4.4　使用数据窗体向导

Visual Basic 6.0 提供了一个功能强大的数据窗体向导，通过几个交互过程，便能创建前面介绍的 ADO 数据控件和绑定控件，构成一个访问数据的窗口。数据窗体向导属于外接程序，在使用前必须从 Visual Basic 6.0 集成开发环境的横向菜单中单击"外接程序"→"外接

程序管理器"，从打开的"外接程序管理器"窗口中选择"VB 6 数据窗体向导"，将数据窗体装入"外接程序"。

这里以 student.mdb 数据库的基本情况表作为数据源来说明数据访问窗口建立的过程。

例 9.7　使用数据窗体向导建立 student.mdb 数据库的数据访问对话框。

步骤 1：执行"外接程序"菜单中的"数据窗体向导"命令，进入"数据窗体向导–介绍"对话框，可以利用先前建立的数据窗体信息配置文件创建外观相似的数据访问窗体，选择"无"将不使用现有的配置文件。

步骤 2：单击"下一步"按钮，进入"数据窗体向导–数据库类型"对话框，可以选择任何版本的 Access 数据库或任何 ODBC 兼容的用于远程访问的数据库。本例中选择 Access 数据库。

步骤 3：在"数据窗体向导–数据库"对话框内选择具体的数据库文件。本例为 student.mdb 数据库。

步骤 4：在"数据窗体向导–Form"对话框内设置应用窗体的工作特性。

其中，在"窗体名称为"文本框中输入将要创建的窗体名；"窗体布局"指定窗口内显示数据的类型，可以按单条记录形式显示，也可以按数据网格形式同时显示多条记录；绑定类型用于选择连接数据来源的方式，可以使用 ADODC 数据控件访问数据，也可以使用 ADO 对象程序代码访问数据。本例窗体名为 frmjbqk，选"单个记录"形式，使用"ADO 数据控件"访问数据。

步骤 5：在"数据窗体向导–记录源"对话框内选择所需要的数据。

其中，"记录源"下拉列表框用于选择数据库中的表单，本例选择"基本情况"表；窗口中间的 4 个箭头按钮用于选定字段，"列排序按"下拉列表框用于选择排序依据。

步骤 6：在"数据窗体向导–控件选择"对话框内，选择所创建的数据访问窗体需要提供哪些操作按钮。

步骤 7：进入"数据窗体向导–已完成"对话框，可以将整个操作过程保存到一个向导配置文件(.rwp)中。

单击"完成"按钮结束数据窗体向导的交互，此时向导将自动产生数据访问对话框的画面及代码。可以对产生的窗体布局形式进行调整或在此基础上加上其他控件对象。图 9-14 为调整照片位置的数据访问对话框运行结果。

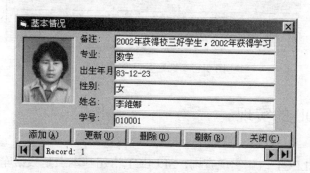

图 9-14　数据窗体向导创建的数据访问对话框

图 9-15 为窗体布局选定网格(数据表)形式的数据访问窗口运行结果。图 9-16 为窗体布局选定 MSHFlexGrid 数据网格形式的数据访问窗口运行结果。图 9-17 所示为窗体布局选定主表/细表形式，以基本情况表作为主表、学生成绩表为细表所建立的数据访问窗口。

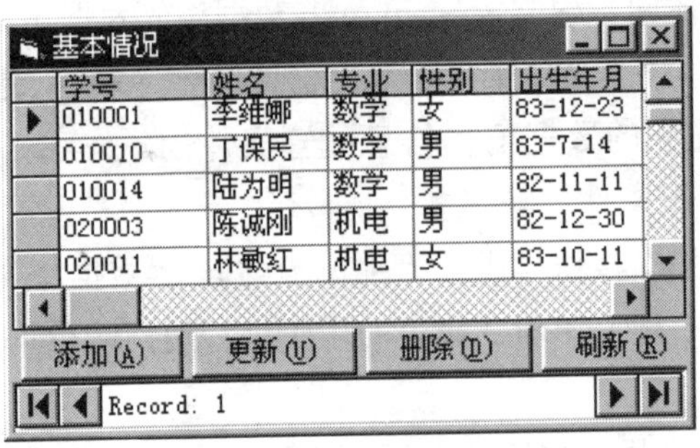

图 9-15　网格(数据表)形式

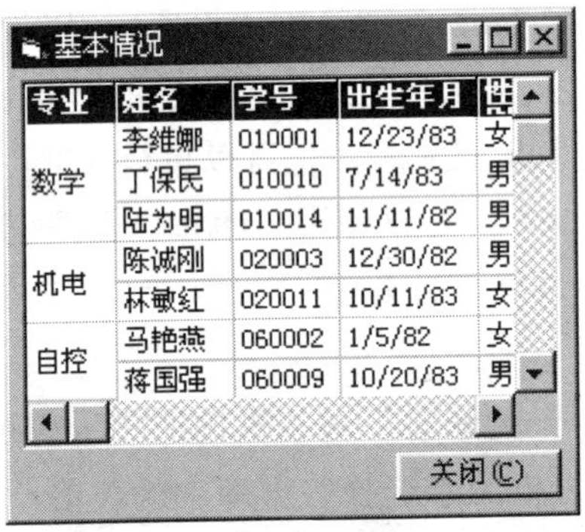

图 9-16　选定 MSHFlexGrid 数据网格

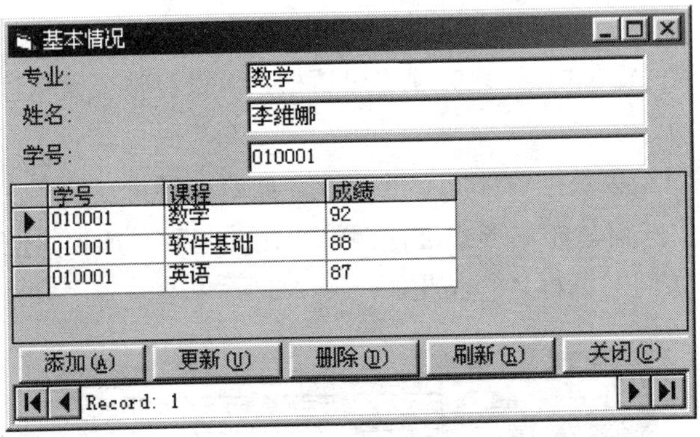

图 9-17　选定主表/细表形式

9.5　VB 中 SQL 的实现

SQL 中使用 SELECT 语句实现查询，SELECT 语句基本上是数据库记录集的定义语句。Data 控件的 RecordSource 属性不一定是数据表名，可以是数据表中的某些行或多个数据表中的数据组合。可以直接在 Data 控件的 RecordSource 属性栏中输入 SQL，也可在代码中通过 SQL 语句将选择的记录集赋给数据控件的 RecordSource 属性，也可赋予对象变量。

例 9.8 将例 9.5 中的查找功能改用 SQL 语句处理，显示某专业的学生记录。

使用 SQL 语句查询只要为例 9.5 中命令按钮 Command5_Click 事件编写如下代码：

```
Private Sub Command5_Click()
  Dim mzy As String
  mzy = InputBox$("请输入专业", "查找窗")
  Data1.RecordSource = "Select * From 基本情况 Where 专业 = '" & mzy & "'"
  Data1.Refresh
  If Data1.Recordset.Eof Then
    MsgBox "无此专业!", , "提示"
    Data1.RecordSource = "基本情况"
    Data1.Refresh
  End If
End Sub
```

程序中 Select *选择表中所有字段（也可以指定选择部分列），From 基本情况短语指定数据来源，Where 专业 = '" & mzy & "'"短语构成查询条件，用于过滤表中的记录，Data1.Refresh 方法激活这些变化。此时，若 Data1.Recordset.Eof 为 True，表示记录过滤后无数据，重新打开原来的基本情况表。

注意：代码中的两处 Refresh 语句不能合为一句，这是因为在执行了 Select 命令后，必须激活这些变化，然后才能判断记录集内有无数据。

也可用 SQL 语句实现模糊查询，命令按钮 Command5_Click 事件改为如下代码：

```
Private Sub Command5_Click()
  Dim mzy As String
  mzy = InputBox$("请输入专业", "查找窗")
  Data1.RecordSource = "Select * From 基本情况 Where 专业 like '*" & mzy & "*'"
  Data1.Refresh
  If Data1.Recordset.Eof Then
    MsgBox "无此专业!", , "提示"
    Data1.RecordSource = "基本情况"
    Data1.Refresh
  End If
End Sub
```

例 9.9 用 SQL 语句从 student.mdb 数据库的两个数据表中选择数据构成记录集，并通过数据控件浏览记录集。

在窗体上放置与例 9.2 类似的控件。Data 控件的 DatabaseName 属性指定数据库 student.mdb，RecordSource 属性空缺，各文本框的 DataSource=Data1，DataField 属性分别设置为学号、姓名、课程、成绩，而照片字段绑定图形框。

本例要求从基本情况中选择学生的学号、姓名、照片，从学生成绩表中选择该学生的课程和成绩来构成记录集，可在 Form_Load 事件中使用 SQL 语句，通过"Where 学生成绩表.学号=基本情况.学号"短语实现两表之间的连接，用 Select 命令从学生成绩表中选择课程、成绩字段，从基本情况表中选择学号、姓名和照片字段构成记录集：

```
Private Sub Form_Load()
    Data1.RecordSource = "Select 基本情况.学号,基本情况.姓名,基本情况.照片,学
                          生成绩表.课程,学生成绩表.成绩 From 学生成绩表,基本情
                          况 Where 学生成绩表.学号=基本情况.学号"
End Sub
```

当窗体启动后，数据显示如图 9-18 所示，数据控件上的箭头按钮可改变记录位置。如果要求显示的记录按一定的顺序排列，可使用 Order By 子句。

图 9-18 数据显示

注意：当 From 子句列出多个表时，它们出现的顺序并不重要。Select 短语中字段的排列决定了所产生的记录集内每一列数据的排列顺序。为了提高可读性可以重新排序表中的字段。

例 9.10 用 SQL 指令按专业统计 student.mdb 数据库中各专业的人数，要求按图 9-19 所示形式输出。

在窗体上放置一个 Data 控件和一个网格控件 MSFlexGrid1。Data1 的 DatabaseName 属性指定数据库 student.mdb，网格控件的 DataSource=Data1。

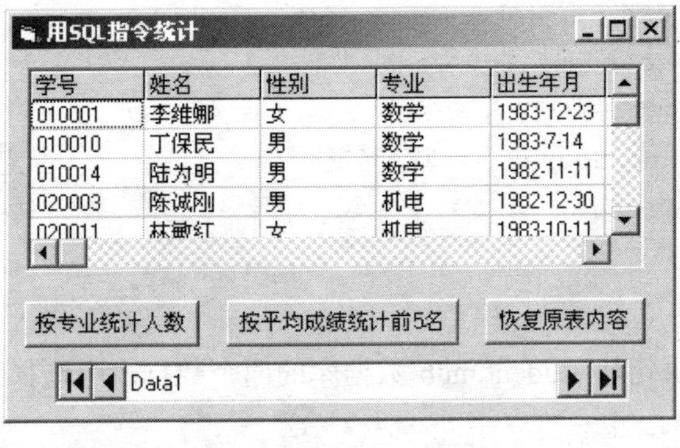

图 9-19 通过数据控件浏览记录集

为了统计各专业的人数，需要对基本情况表内的记录按专业分组。"Group By 专业"

可将同一专业的记录合并成一条新记录。要记录统计结果，需要构造一个输出字段，此时可使用 SQL 的统计函数 Count( )作为输出字段，它按专业分组创建摘要值。若希望按用户要求的标题显示统计摘要值，可用 As 短语命名一个别名。"按专业统计人数"按钮的指令代码为：

```
Private Sub Command1_Click()
  Data1.RecordSource = "Select 专业,Count(*) As 人数 From 基本情况 Group By 专业"
  Data1.Refresh
End Sub
```

运行结果如图 9-20 所示。

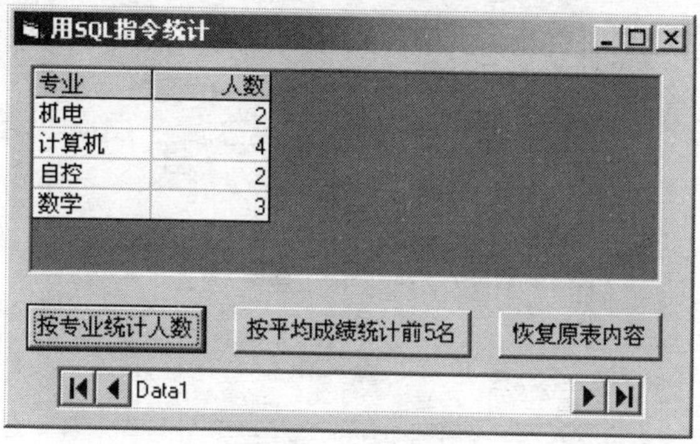

图 9-20　运行结果

有时，只要返回一定数量的记录，如获取平均成绩最好的前 5 名，则"按平均成绩统计前 5 名"按钮的指令代码为：

```
Private Sub Command2_Click()
  Data1.RecordSource = "Select Top 5 学号,Avg(成绩) As 平均成绩 From  学生
                        成绩表 Group By 学号 Order By Avg(成绩) Desc"
  Data1.Refresh
End Sub
```

这里，"Group By 学号"短语将同一学生的各门课程的记录合并成一条记录，由 Avg(成绩)计算出该学生的平均成绩，"Order By Avg(成绩) Desc"短语按平均成绩的降序排列数据，"Top 5"短语返回最前面的 5 条记录。如果不包括 Order By 子句，查询将从学生成绩表中返回随机的 5 条记录。"恢复原表内容"按钮的指令代码为：

```
Private Sub Command3_Click()
  Data1.RecordSource = "基本情况"
  Data1.Refresh
End Sub
```

以上介绍的是在 Data 控件上使用 SQL，如果要在 ADO 数据控件上使用 SQL 语句，最好通过代码配合 ADO 数据控件完成数据库的连接，这可给程序带来更大的灵活性。

例 9.11 将例 9.9 中的 Data 控件改用 ADO 数据控件，用 SQL 语句从 **student.mdb** 数据库的两个数据表中选择数据构成记录集。

将 Data 控件改用 ADO 数据控件 Adodc1，各文本框的 Datasource=Adodc1，DataField 属性分别设置为学号、姓名、课程、成绩，而字段照片绑定图形框。

ADO 数据控件的 ConnectionString 属性设置为与数据源连接的相关信息，通过操作完成与 student.mdb 的数据连接（此时，可查看到 ConnectionString 属性的内容），DataSource 指定连接的数据库文件名，如图 9-21 所示。

图 9-21　使用 ADO 数据控件

即 DataSource 属性使用 SQL 语句：

select　学生成绩表.*,基本情况.姓名,基本情况.照片 from 学生成绩表,基本情况 where
学生成绩表.学号=基本情况.学号

程序执行后将产生与图 9-21 所示相同的效果。

例 9.12 设计一个窗体，计算 student.mdb 数据库内学生成绩表中每个学生的平均成绩，产生姓名、平均成绩和最低成绩三项数据，按平均成绩降序排列数据，并用该数据作图。

学生成绩表中没有平均成绩和最低成绩这两项数据，可以在 Select 子句内使用统计函数 Avg( ) 和 Min( ) 产生，"Group　By 学号"可将同一学生的记录合并成一条新记录。学生成绩表中没有姓名字段，故需要通过条件"基本情况.学号=学生成绩表.学号"从基本情况表取得。然后，将产生的记录集连接到 ADO 数据控件上。

要显示作图数据，可在窗体上放置一个网格控件，选择"工程"→"部件"中的 Microsoft Data Grid Control 6.0（OLEDB），设置网格的 DataSource=Adodc1，将其绑定到 ADO 数据控件上。此例将 Adodc1 控件的 Visible 属性设为 False，故在图 9-21 中看不到 Adodc1 控件。

要绘制图表，可使用绑定控件 MsChart。MsChart 控件也是一个 Active X 控件，需要通过"工程"→"部件"命令，将 MsChart 控件添加到工具箱中。要将作图数据传送到 Mschart 控件，只需要设置 MsChart1.DataSource=Adodc1。如果只要选择部分数据作图，可以将作图数据存入数组，再设置 MsChart1.Data=数组名即可。

将 Adodcl 的 RecordSource 属性设置为 SQL 语句，代码如下：

```
Select  基本情况.姓名,Avg(成绩) As 平均成绩,Min(成绩) As 最低成绩 From 学生成绩
表,基本情况 Where 学生成绩表.学号=基本情况.学号 Group By 学生成绩表.学号,基本情况.
姓名 Order By Avg(成绩) Desc
```

程序执行后将产生图 9-22 所示的效果。

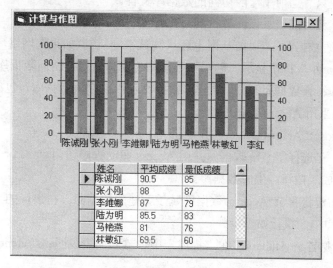

图 9-22　显示作图数据

9.6　VB 中使用 ODBC

在 VB 环境开发数据库应用时，与数据库连接和对数据库的数据操作是通过 ODBC、Microsoft Jet（数据库引擎）等实现的。Microsoft Jet 主要用于本地数据库，而在 C / S 结构的应用中一般用 ODBC。

例 9.13　使用 ADO 数据控件，设计一个简单窗体，用来扫描 student.mdb 数据库的基本情况表。窗体中几个约束数据文本框绑定到连接表中当前记录的 ADO 数据控件。这个项目不需要编程，步骤如下。

步骤 1：开始新项目，并在项目工具箱中添加 ADO 数据控件。

步骤 2：在窗体上放一个 ADO 数据控件的实例。

步骤 3：右键单击控件，并从弹出菜单中选择"ADODC 属性"命令（或单击 Adodc1 的 ConnectionString 属性旁的"…"按钮），打开 ADO 数据控件的属性页。

步骤 4：选择"通用"选项卡，并选择"使用 ODBC 数据资源名称"单选钮。

步骤 5：现在要指定数据源（ADO 数据控件联系的数据库）。可以看出，可以指定多种数据库，但应用程序用相同的方法处理。不管实际提供表格的数据库为何种形式，它用相同的语句访问表格及其记录。

数据源名就是系统知道的数据库名。数据源名只要生成一次,此后任何应用程序都可以使用。如果系统上没有数据源名,则按下列步骤生成新的数据源名。

① 单击"新建"按钮,打开"创建新数据源"窗口。在这个窗口中可以选择数据源类型,选项如下。

文件数据源:所有用户均可以访问的数据库文件。

用户数据源:只有当前用户能访问的数据库文件。

系统数据源:任何能登录该计算机的用户都能访问的数据库文件。

② 选择"系统数据源",以便从网上登录测试锁定机制(如果在网络环境中)。

③ 单击"下一步"按钮显示"创建新数据源"窗口,指定访问数据库所用的驱动程序。

驱动程序必须符合数据库。可以看出,数据源可以是个大数据库,包括 Access、Oracle、SQL Server。本例采用 Access 数据库。

④ 选择 Microsoft Access Driver,并单击"下一步"按钮。

新窗口指出,已选择了系统数据源并用 Access 驱动程序访问。

⑤ 单击"完成"按钮,生成数据源。

这时就可以指定将哪个 Access 数据库赋予新建的数据源。在出现的"ODBC Microsoft Access 安装"窗口中,执行如下步骤。

⑥ 指定数据源名 mystudent,在"描述"中,输入简短说明:student 数据源(说明可以空缺)。

⑦ 单击"选择"按钮,并通过"选定数据库"窗口选择数据库,找到 VB128 文件夹中的 student.mdb(假设 student.mdb 存放在此)。

⑧ 回到 ADO 数据控件的属性页时,新的数据源即会出现在"使用 ODBC 数据资源名称"下拉列表框中。

步骤 6:展开下拉列表框,并选择 mystudent 数据源。

实际上,这就指定了要使用的数据库(类似于设计 Data 控件的 DatabaseName 属性)。

下一个任务是选择 ADO 数据控件能看到的数据库记录(表格或 SQL 语句返回的记录集)。

步骤 7:切换到"记录源"选项卡(或单击 Adodc1 的 RecordSource 属性旁的"…"按钮)。

步骤 8:在"命令类型"下拉列表框中,选择 adCmdTable 项目,这是记录源的类型。

步骤 9:在"表或存储过程名称"下拉列表框中出现了数据库中的所有表名。选择基本情况表。

Adodc1 控件的 RecordSource 属性栏中出现了 student.mdb 数据库的基本情况表。

步骤 10:将 4 个文本框控件和 4 个标题控件放在窗体上。将它们的 DataSource 设置为 Adodc1,DataField 分别设置为学号、姓名、专业、出生年月。

Mystudent 数据源已经注册到系统上,不必再次生成。它会自动出现在 ADO 数据控件属性页的"使用 ODBC 数据资源名称"下拉列表框中。

运行结果如图 9-23 所示。

图 9-23 使用 ADO 数据控件及 ODBC

例 9.14 ADO 数据控件使用自己的高级约束数据控件,即 DataList 和 DataCombo 控件。

本例要求在 DataList 控件中显示学号,要将 DataList 控件与 ADO 数据控件连接,使用户每次选择清单中的新学号,窗体上的文本框中出现相应的字段。

要使用 DataList 和 DataCombo 控件,首先要将其加进工具箱,步骤如下。

① 选择"工程"→"部件"命令,打开"部件"对话框,选择"Microsoft DataList Controls 6.0(OLEDB)"。

② 将 DataList 控件的实例放在窗体上。

③ 要用基本情况表中的学号建立 DataList 控件,设置属性 RowSource= Adodc1,ListField=学号。

如果这时运行应用程序,则会自动生成 DataList 控件,但清单中所选的学号对约束数据控件没有影响。要加入一些代码,在清单中每次选择另一学号时,移动 ADO 数据控件,具体方法如下:

```
Private Sub DataList1_Click()
   Adodc1.Recordset.Bookmark = DataList1.SelectedItem
End Sub
```

每次单击清单中的新项目时,这个项目就成为 ADO 数据控件的书签。

大多数情况下,用于自动建立 DataList 控件的数据通常没有排序。如果 DataList 控件中学号没有排序,就无法方便地找到清单中的项目。要使 DataList 控件中学号排序,按如下步骤修改 ADO 数据控件的 RecordSource 属性。

① 设计图 9-24 所示的窗体。

② 右键单击 Adodc1 控件,并在属性页中将"ODBC 数据源名"设置为 mystudent。

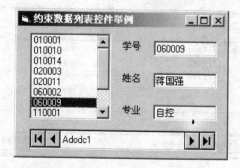

图 9-24 Adodc1 控件

③ 切换到"记录源"选项卡，指定 SQL 语句而不是表格：将"命令类型"设置为 adCmdUnknown，并在"命令文本"中输入下列 SQL 语句：

```
Select * From 基本情况  Order By 学号
```

例 9.15　用外接程序的数据窗体向导创建主、细表(数据库 student.mdb 中的主表是基本情况表，细表是学生成绩表)。

步骤 1：选择"外接程序"→"数据窗体向导"命令(如菜单中无此命令，可通过"外接程序"→"外接程序管理器"加载"VB 6 数据窗体向导")，出现"数据窗体向导-介绍"对话框，选择"无"，单击"下一步"按钮。

步骤 2：在"数据窗体向导-数据库类型"对话框中"选择 Remote(ODBC)"，单击"下一步"按钮。

步骤 3：在"数据窗体向导-连接信息"对话框中，DSN(数据源名)选择已定义的数据源 mystudent，单击"下一步"按钮。

步骤 4：在"数据窗体向导-Form"对话框中，在"窗体名称为"文本框中输入窗体名称，本例输入 frm_jbqk；窗体布局选择"主表/细表"，单击"下一步"按钮。

步骤 5：在"数据窗体向导-主表记录源"对话框中选择主表及其字段，本例"记录源"选择主表为"基本情况"，在"可用字段"中挑选字段学号、姓名、专业到"选定字段"，单击"下一步"按钮。

步骤 6：在"数据窗体向导-详细资料记录源"对话框中选择细表及其字段，本例"记录源"选择细表为"学生成绩表"，在"可用字段"中挑选字段学号、课程、成绩到"选定字段"，单击"下一步"按钮。

步骤 7：在"数据窗体向导-记录源关系"对话框中，选择主表及其细表相连接的字段，本例在"主表"和"细表"下拉列表框中均选择"学号"，单击"下一步"按钮。

步骤 8：在"数据窗体向导-控件选择"对话框中选择需要的控件，单击"下一步"按钮。

步骤 9：单击"完成"按钮。运行结果如图 9-25 所示。

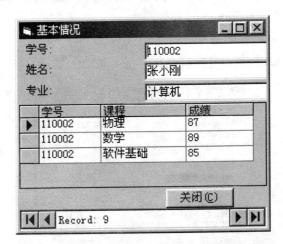

图 9-25　用外接程序的数据窗体向导创建主、细表

习题 9

一、选择题

1. 表类型的记录集(　　)对数据库中的一个数据表进行增、删、改、查等操作。

    A. 禁止　　　　　　　　B. 允许　　　　　　　　C. 可间接　　　　　　　　D. 设置

2. 在数据绑定控件对象里改变的数据,当(　　)时,这些改变会自动地写入数据库。

    A. 记录改变　　　　　　　　　　　　　　B. 数据改变

    C. 记录指针移动到其他记录　　　　　　　D. 编辑其他数据绑定控件对象

3. VB 集成开发环境中,提供了(　　)用于专门的数据库应用程序开发环境。

    A. 数据库　　　　　　　B. 数据表　　　　　　　C. 记录　　　　　　　　D. 数据集

4. Data 控件的(　　)属性指定连接的数据库类型。

    A. Connect　　　　　B. DataBaseName　　　C. RecordSource　　　　D. RecordsetType

5. 记录集的(　　)属性是只读属性,用于统计记录集中的记录个数。

    A. RecordCount　　　B. AbsolutePosition　　C. Filter　　　　　　　D. RecordCount

6. (　　)属性设置数据绑定控件中显示的数据字段,使数据库中的有效字段连接到数据绑定控件上。

    A. Bookmark　　　　B. DataSource　　　　C. DataChanged　　　　D. DataField

7. 每一个数据表能有(　　)主索引。

    A. 多个　　　　　　　B. 1 个　　　　　　　C. 2 个　　　　　　　　D. 4 个

8. 查询就是在(　　)中找到符合特定条件的记录并组成一张新表。

    A. 数据表　　　　　　B. 数据　　　　　　　C. 记录　　　　　　　　D. 数据报表

9. Data 控件的(　　)方法可强制数据控件将绑定控件内的数据写入数据库。

    A. Refresh　　　　　B. UpdateControls　　　C. UpdateRecord　　　　D. Close

10. VB 6.0 中 ADO 新增了(　　)个数据绑定控件。

    A. 1　　　　　　　　B. 2　　　　　　　　C. 4　　　　　　　　　D. 6

二、简答题

1. 可视化数据管理器的主要功能是什么?

2. ADO 是什么?

3. 简述记录集对象的分类及不同特点。

4. 简述建立一个查询的步骤。

5. 简述数据绑定控件、数据控件和数据库之间的关系。

三、操作题

1. 使用可视化数据库管理器建立一个名为 stu.mdb 的 Access 数据库,它包括一个 student_xj(学生学籍)表和一个 student_cj(成绩)表,表的结构见表 9-8 和表 9-9。自己根据表结构编制一些记录输入相应的表中。

表 9-8　student_xj 表结构

字段名	数据类型	长度（字节）
学号	Text	10
姓名	Text	8
性别	Text	2
出生年月	Data/Time	8
家庭地址	Text	40

表 9-9　student_cj 表结构

字段名	数据类型	长度
学号	Text	10(字节)
数学	Integer	默认长度
英语	Integer	默认长度
化学	Integer	默认长度
物理	Integer	默认长度
生物	Integer	默认长度

2．用查询生成器创建"性别=女"的全体女生成绩查询。

3．创建一个窗体界面，利用 Data 数据控件和数据绑定控件分别实现对 student_xj 表和 student_cj 表的显示、增加和删除。

4．用数据窗体向导创建一个窗体界面，实现对 student_xj 表和 student_cj 表的显示、增加和删除。

5．利用 ADO 控件和 DataGrid 数据网格控件实现 student_cj 表的显示。

附录 A　VB 6.0 中的属性及其含义

属性名	含义
ActiveControl	活动控件
ActiveForm	活动窗体
Alignment	文本对齐方式
Align	指定图形在图片框中的位置
Archive	文本列表框是否含有文档属性
AutoRedraw	控制对象自动重画
AutoSize	控制对象自动调整大小
BackColor	背景颜色
BackStyle	指定线型与背景的结合方式
BorderColor	边框颜色
BorderStyle	边框类型
BorderWidth	边框宽度
Cancel	命令按钮是否为 Cancel
Caption	标题
Checked	菜单项加标记
ClipControls	设置 Paint 事件是否重画整个控件
Columns	指定列表框水平方向显示的列数
ControlBox	窗体是否有控制框
Count	对象的数量
CurrentX	当前 X 坐标
CurrentY	当前 Y 坐标
Default	指定默认按钮
DragIcon	控件拖动过程中作为图标显示
DragMode	拖动方式
DrawMode	绘图方式
DrawStyle	设置线型
DrawWidth	设置宽度
Drive	指定驱动器
Enabled	对象是否可用
EXEName	活动文件名称
FileName	文件名
FileNumber	文件号
FillColor	填充颜色
FillStyle	填充方式
FontBold	字体加粗
FontCount	字体种类计数

属性名	含义
FontItalic	字体斜体
FontName	字体名称
Fonts	按序号返回可用字体名称
FontSize	字体大小
FontStrikethru	加删除线
FontTransparent	字体与背景叠加
FontUnderline	加下划线
ForeColor	前景颜色
Height	对象高度
HelpContextID	对象与 Help 文件连接的 ID 号
HelpFile	在应用程序中调用 Help 文件
Hidden	指定文件列表框内显示的文件是否隐含文件
Icon	窗体最小化后显示的图标
Image	窗体或图片框的图形句柄
Index	控件数组中控件的下标
Interval	计时器的时间间隔
ItemData	用于列表框或组合框，与 List 属性相同
KeyPreview	窗体先收到键盘事件还是控件先收到键盘事件
LargeChange	滚动框在滚动条内变化的最大值
Left	控件与窗体左边界的距离
ListCount	列表框或组合框表项的数量
List	列表框或组合框表项的内容
ListIndex	指定控件当前选项的序号
Max、Min	指定滚动条的最大值和最小值
MaxButton	最大化按钮
MaxLength	指定文本框所接收的最大字符数
MDIChild	指定一个窗体为 MDI 子窗体
Minbutton	最小化按钮
MousePointer	鼠标形状
MultiLine	设置多行文本
MultiSelect	设置多项选择
Name	对象名称
NewIndex	列表框或组合框最近一次加入的项目的下标
Normal	指定文件列表框内显示的文件的属性
Page	指定打印机当前页号
Parent	返回控件所在的窗体
PasswordChar	口令字符
Path	设置或返回当前路径
Pattern	程序运行在文件列表框中显示的文件类型
Picture	设置图片

续表

属性名	含义
ReadOnly	文件属性为只读
ScaleHeight	用户定义坐标系的纵坐标轴
ScaleLeft	用户定义坐标系起点的横坐标
ScaleMode	用户定义坐标系的单位
ScaleTop	用户定义坐标系起点的纵坐标
ScaleWidth	用户定义坐标系的横坐标轴
ScrollBars	对象是否添加水平或垂直滚动条
Selected	返回列表框或组合框表项的选择状态
SelLength	所选文本的长度
SelStart	所选文本的起点
SelText	所选文本的内容
Shape	设置形状控件不同的显示类型
Shortcut	设置菜单项热键
SmallChange	滚动条最小变化值
Sorted	内容是否按字母顺序排列
Stretch	伸展图像
Style	设置组合框的类型
System	设置文件列表框内显示的文件是否是系统文件
TabIndex	设置控件的选取顺序
TabStop	用 Tab 键移动光标时是否在某个控件上停留
Tag	控件的别名
Text	文本内容
Title	标题
Top	控件与窗体上边界的距离
TopIndex	设置列表框显示的第一个项目
TwipsPerPixelX	屏幕或打印机水平方向的点数
TwipsPerPixelY	屏幕或打印机垂直方向的点数
Value	滚动条移动后的值
Visible	控件是否可见
Width	对象的宽度
WindowList	指定菜单项是否含有 MDI 窗体的窗口列表
WindowState	窗口的显示状态
WordWrap	标签显示文本的方式
X1	设置线型控件起点的横坐标
X2	设置线型控件终点的横坐标
Y1	设置线型控件起点的纵坐标
Y2	设置线型控件终点的纵坐标

附录 B 综合案例——多功能计算器的实现代码

多功能计算器界面如下图所示。

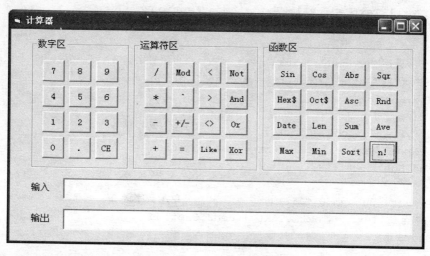

实现代码如下：

```
Public b As Single
Public flag, first As Integer
Dim narray(100) As Single                    '存放文本框1中输入的多个数据
Dim i As Integer                             '存放输入数组的实际长度

'单次运算
Dim a As Single                              '存放第一个操作数
Dim key As String                            '存放运算符
'以上在模块中定义变量

Private Sub cmd0_Click()                      '单击数字键0
  Text1.Text = Text1.Text + cmd0.Caption     '可用"&"代替"+"
End Sub

Private Sub cmd1_Click()                      '单击数字键1
  Text1.Text = Text1.Text + cmd1.Caption
End Sub

Private Sub cmd2_Click()                      '单击数字键2
  Text1.Text = Text1.Text + cmd2.Caption
End Sub
```

```
Private Sub cmd3_Click()                '单击数字键 3
  Text1.Text = Text1.Text + cmd3.Caption
End Sub

Private Sub cmd4_Click()                '单击数字键 4
  Text1.Text = Text1.Text + cmd4.Caption
End Sub

Private Sub cmd5_Click()                '单击数字键 5
  Text1.Text = Text1.Text + cmd5.Caption
End Sub

Private Sub cmd6_Click()                '单击数字键 6
  Text1.Text = Text1.Text + cmd6.Caption
End Sub

Private Sub cmd7_Click()                '单击数字键 7
  Text1.Text = Text1.Text + cmd7.Caption
End Sub

Private Sub cmd8_Click()                '单击数字键 8
  Text1.Text = Text1.Text + cmd8.Caption
End Sub

Private Sub cmd9_Click()                '单击数字键 9
  Text1.Text = Text1.Text + cmd9.Caption
End Sub

Private Sub cmddot_Click()              '连接小数点
  Text1.Text = Text1.Text + cmddot.Caption
  If InStr(Text1.Text, ".") < Len(Text1.Text) Then
                                        '防止出现多个小数点
    Text1.Text = Left(Text1.Text, Len(Text1.Text) - 1)
  End If
End Sub

Private Sub cmdcls_Click()              '单击 CE 键
  Text1.Text = ""
End Sub

Private Sub add_Click()                 '单击 "+"，保存第一个操作数和运算符
  a = Val(Text1.Text)
  key = add.Caption
  Text1.Text = " "
End Sub

Private Sub subs_Click()                '单击 "-"
```

```
      a = Val(Text1.Text)
      key = subs.Caption
      Text1.Text = " "
End Sub


Private Sub mul_Click()                '单击"*"
   a = Val(Text1.Text)
   key = mul.Caption
   Text1.Text = " "
End Sub


Private Sub div_Click()                '单击"/"
   a = Val(Text1.Text)
   key = div.Caption
   Text1.Text = " "
End Sub


Private Sub modi_Click()               '单击"Mod"
    a = Val(Text1.Text)
    key = more.Caption
    Text1.Text = " "
End Sub


Private Sub mulpi_Click()              '单击"^"
    a = Val(Text1.Text)
    key = mulpi.Caption
    Text1.Text = " "
End Sub


Private Sub sign_Click()               '单击"+/-",改变操作数符号
   Text1.Text = -Val(Text1.Text)
End Sub


Private Sub equal_Click()              '单击"="
   Select Case key                     '判断运算符
     Case "+": Text1.Text = a + Val(Text1.Text)
     Case "-": Text1.Text = a - Val(Text1.Text)
     Case "*": Text1.Text = a * Val(Text1.Text)
     Case "/": Text1.Text = a / Val(Text1.Text)
     Case "\": Text1.Text = a \ Val(Text1.Text)
     Case "mod": Text1.Text = a Mod Val(Text1.Text)
     Case "^": Text1.Text = a ^ Val(Text1.Text)
     Case "<":  Text1.Text = a < Val(Text1.Text)
     Case ">":  Text1.Text = a > Val(Text1.Text)
     Case "<>": Text1.Text = a <> Val(Text1.Text)
     Case "Like": b = "*" & Trim(Text1.Text) & "*"
        If (Str(a) Like b) Then Text1.Text = True Else Text1.Text = False
```

```
    Case "Not": Text1.Text = Not a
    Case "And": Text1.Text = a And Val(Text1.Text)
    Case "Or": Text1.Text = a Or Val(Text1.Text)
    Case "Xor": Text1.Text = a Xor Val(Text1.Text)
  End Select
End Sub

Private Sub less_Click()          '单击 "<"
    a = Val(Text1.Text)
    key = less.Caption
    Text1.Text = " "
End Sub

Private Sub more_Click()          '单击 ">"
    a = Val(Text1.Text)
    key = more.Caption
    Text1.Text = " "
End Sub

Private Sub notequal_Click()      '单击 "<>"
    a = Val(Text1.Text)
    key = notequal.Caption
    Text1.Text = " "
End Sub

Private Sub likes_Click()         '单击 "Likes"
    a = Val(Text1.Text)
    key = likes.Caption
    Text1.Text = " "
End Sub

Private Sub cmdnot_Click()        '单击 "Not"
    a = Val(Text1.Text)
    key = cmdnot.Caption
    Text1.Text = " "
End Sub

Private Sub cmdand_Click()        '单击 "And"
    a = Val(Text1.Text)
    key = cmdand.Caption
    Text1.Text = " "
End Sub

Private Sub cmdor_Click()         '单击 "Or"
    a = Val(Text1.Text)
    key = cmdor.Caption
    Text1.Text = " "
```

```
End Sub

Private Sub cmdxor_Click()        '单击 "Xor"
    a = Val(Text1.Text)
    key = cmdxor.Caption
    Text1.Text = " "
End Sub

Private Sub Command3_Click(Index As Integer)   '函数区中功能实现,Command3
                                               '为函数区控件数组名
Select Case Index
  Case 0
    Text2.Text = Sin(Val(Trim$(Text1.Text)))   '调用内部函数 sin
  Case 1
    Text2.Text = Cos(Val(Trim$(Text1.Text)))
  Case 2
    Text2.Text = Abs(Val(Trim$(Text1.Text)))
  Case 3
    Text2.Text = Sqr(Val(Trim$(Text1.Text)))
  Case 4
    Text2.Text = Hex$(Val(Trim$(Text1.Text)))
  Case 5
    Text2.Text = Oct$(Val(Trim$(Text1.Text)))
  Case 6
    Text2.Text = Asc(Trim$(Text1.Text))
  Case 7
    Text2.Text = Rnd(Val(Trim$(Text1.Text)))
  Case 8
    Text2.Text = Date
  Case 9
    Text2.Text = Len(Trim$(Text1.Text))
  Case 10
    Text2.Text = sum1()            '调用自定义函数求和
  Case 11
    Text2.Text = ave()             '调用自定义函数求平均值
  Case 12                          '12 为 max 命令按钮的控件数组 Index 值
    Dim m As Single
    Call max2(m)                   '调用自定义子过程求最大值
    Text2.Text = m                 'm 为调用过程得到的最大值
    'Text2.Text = max()            '调用自定义函数过程求最大值
  Case 13
    Text2.Text = min()             '调用自定义函数过程求最小值
  Case 14
    Text2.Text = sort()            '调用自定义函数过程排序
  Case 15
    'Text2.Text = fac()            '调用自定义函数过程求阶乘
    Text2.Text = fac1(Val(Text1.Text))
```

'调用自定义函数过程求阶乘，用递归实现

```
  End Select
End Sub

Private Function sum1()
Dim k As Integer
Dim s As Single
    s = 0
For k = 1 To i - 1
    s = s + narray(k)
Next k
    sum1 = s
End Function

Private Function max()
Dim k As Integer
Dim s As Single, m As Single
    m = narray(1)
For k = 2 To i
    If m < narray(k) Then m = narray(k)
Next k
    max = m
End Function

Private Function ave()            '求平均值
Dim k As Integer
Dim s As Single, m As Single
For k = 1 To i
    s = s + narray(k)
Next k
    ave = s / (i - 1)
End Function

Private Function min()            '求最小值函数
Dim k As Integer
Dim s As Single, m As Single
    m = narray(1)
For k = 2 To i - 1
    If m > narray(k) Then m = narray(k)
Next k
    min = m
End Function

Private Function sort()           '排序函数
Dim k As Integer, j As Integer
Dim s As String, m As Single
For k = 1 To i - 2
```

```
For j = 1 To i - 1
  If narray(j) < narray(j + 1) Then
    m = narray(j)
    narray(j) = narray(j + 1)
    narray(j + 1) = m
  End If
Next j
Next k


For k = 1 To i - 1
  s = s+" "+Str$(narray(k))        '将排序结果存放到字符串 s，以便带回到主调程序中
Next k
  sort = s
End Function


Private Function fac()            '求阶乘函数
Dim k As Integer, j As Integer
Dim m As Single
  If InStr(Trim$(Text1.Text), " ") > 1 Then
                                  '如果在文本输入框中输入了多个数据，则计算一个
                                  '数据的阶乘
j = first                         '数组元素 narray()中第一个元素
Else: j = Val(Trim$(Text1.Text))
End If
m = 1
For k = 1 To j
  m = m * k
  Next k
  fac = m
End Function


Private Sub Text1_KeyPress(Keyasc As Integer)
                                  '在文本框 1 中输入多个数据，以空格分隔，按回
                                  '车键结束，识别数据存放到数组 narray( )中
Dim c As String
Dim n As Integer, k As Integer
  i = 1
  k = 1
  If Keyasc = 13 Then             '按下回车键
For n = 0 To Len(Text1.Text) - 1
  c = Mid$(Text1.Text, n + 1, 1)
If c = " " Then
  narray(i) = Val(Mid$(Text1.Text, k, n - k + 1))
                                  '识别数据存放在数组 narray(i)中
  k = k + Len(Str$(narray(i)))    '下一个数据位置起点
  i = i + 1                       '每识别一个数据数组实际长度加 1
End If
```

```
   Next n
   End If
       first = narray(1)
   End Sub


   Private Sub max2(m As Single)        '求数组元素的最大值
   Dim k As Integer
   m = narray(1)
   For k = 2 To i
     If m < narray(k) Then m = narray(k)
     Next k
   End Sub


   Private Function fac1(n As Long)     '递归求阶乘
   If n > 1 Then
       fac1 = fac1(n - 1) * n
   Else
       f ac1 = 1
   End If
   End Function
```

附录C 综合案例——记事本的实现代码

记事本界面如下图所示。

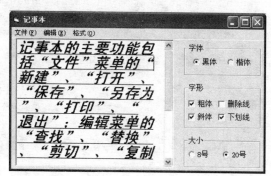

记事本主窗体 frmNotepad 实现代码如下：

```
Public s$, flag As Boolean
Dim st As String
Dim Char As Byte, PaFi1$, PaFi2$    '窗体的"通用"声明段中定义变量
Private Sub Form_Load()
  Text1 = "关键字首字母自动转换成大写，其余字母转换成小写。用户自定义的变量、过
         程名，以第一次定义的为准，以后输入的自动向首次定义的形式转换。"
  s = Text1
Timer1.Enabled = False
End Sub


Private Sub Text1_Change()              '文本框内容发生变化就可以实现再次的查找
flag = True
s = Text1.Text
End Sub


'主窗体右侧对字体、字型及大小的设置
Private Sub Option1_Click()
Text1.FontName = "黑体"                  '设置 Text1 的字体为黑体
End Sub


Private Sub Option2_Click()
Text1.FontName = "楷体 GB2312"           '设置 Text1 的字体为楷体
End Sub


Private Sub Option3_Click()
Text1.FontSize = 8                       '设置 Text1 的字体大小为 8 磅
End Sub


Private Sub Option4_Click()
Text1.FontSize = 20                      '设置 Text1 的字体大小为 20 磅
End Sub
```

```
Private Sub Check1 Click()
Text1.FontBold = Not Text1.FontBold        '设置 Text1 的字型是否为粗体
End Sub


Private Sub Check2 Click()
Text1.FontItalic = Not Text1.FontItalic    '设置 Text1 的字型是否为斜体
End Sub


Private Sub Check3_Click()
Text1.FontStrikethru = Not Text1.FontStrikethru '设置 Text1 是否加删除线
End Sub


Private Sub Check4_Click()
Text1.FontUnderline = Not Text1.FontUnderline '设置 Text1 是否为加下划线
End Sub


Private Sub New Click()                                 '新建文件
 On Error Resume Next
If Text1 <> "" Then
i = MsgBox("文件无标题的文字已经改变。" & vbCrLf & "想保存文件吗？", 3 + 48,
          "记事本")
 If i = 6 Then
  CommonDialog1.FileName = "*.Txt"
  CommonDialog1.InitDir = "C:\Windows"
  CommonDialog1.DefaultExt = "Txt"
  CommonDialog1.Filter = "文本文件(*.Txt)|(*.Txt)|RTF 文档(*.rtf)|*.rtf|
                          所有文件(*.*)|*.*"
  CommonDialog1.CancelError = True
  CommonDialog1.Action = 2
  Open CommonDialog1.FileName For Output As #2
  Print #2, Text1.Text
  Close #2
    Text1.Text = ""
    MsgBox "文件保存成功！", 64, "提示"
  ElseIf i = 7 Then
     Text1.Text = ""
  End If
Else
  Text1 = ""
  Me.Caption = "未命名"
  End If
End Sub


Private Sub OpenSequenceFile Click()    '打开顺序文件
   Dim Data                                '定义三个变量，用于存放读出的数据
   CommonDialog1.ShowOpen                   '利用 ShowOpen 显示打开文件对话框
   'CommonDialog1.Action = 1 设置 Action 属性显示打开文件对话框
   Text1.Text = ""
   Open CommonDialog1.FileName For Input As #1
   '打开 C:\成绩.txt 文件进行读操作，文件号为 1
   Do While Not EOF(1)                 '判断 1 号文件是否结束，若不结束则继续
      Line Input #1, Data              '从 1 号文件中读出一个同学的数据（一行数据）
      Text1 = Text1 & Data & vbCrLf
   Loop
   Close #1                                  '关闭文件
End Sub
```

```
Private Sub SaveSequenceFile Click()   '保存顺序文件
 On Error Resume Next
   CommonDialog1.FileName = CommonDialog1.FileTitle      '设置默认文件名
   CommonDialog1.DefaultExt = "Txt"                      '设置默认扩展名
   CommonDialog1.Action = 2  '或 CommonDialog1.ShowSave 打开"另存为"对话框
   Open CommonDialog1.FileName For Output As #1   '打开1号文件供写入数据
     Write #1, "学号", "姓名", "高数", "英语", "VB"
     Write #1, "11301", "王松", 80, 50, 70
     ' 写入第一个学生的成绩，各数据项之间以逗号分隔
     Write #1, "11302", "姚宇", 70, 80, 90   '写入第二个学生的成绩
     Write #1, "11303", "刘佳", 60, 80, 85   '写入第三个学生的成绩
     Write #1, "11304", "李晨", 40, 80, 60   '写入第四个学生的成绩
     Close #1                                '关闭1号文件
   MsgBox "文件另保存成功！", 64, "提示"
End Sub


Private Sub OpenRandomFile Click()         '打开随机文件
On Error Resume Next
Open "D:\student.dat" For Random As #1 Len = Len(Stu)
  Get #1, 3, Stu
Text1.Text = Stu.SNo & Space(2) & Stu.SNa & Space(2) & Stu.SMa
  Close #1
End Sub


Private Sub SaveRandomFile_Click()         '保存随机文件
 On Error Resume Next
 Open "D:\student.dat" For Random As #1 Len = Len(Stu)
 '打开随机文件 student.dat
Stu.SNo = "112101"                         '将数据赋给记录变量
Stu.SNa = "张玉"
Stu.SMa = 71
Put #1, 1, Stu                             '将数据写入1号文件，记录号为1
Stu.SNo = "112103"                         '将数据赋给记录变量
Stu.SNa = "李明"
Stu.SMa = 82
Put #1, 3, Stu                             '将数据写入1号文件，记录号为3
Stu.SNo = "112104"                         '将数据赋给记录变量
Stu.SNa = "王兰"
Stu.SMa = 93
Put #1, 4, Stu                             '将数据写入1号文件，记录号为4
Close #1                                   '关闭随机文件
End Sub


Private Sub OpenbinaryFile Click()         '打开二进制文件
  CommonDialog1.ShowOpen
  Open CommonDialog1.FileName For Binary As #2
  Do While Not EOF(2)
    Get #2, , Char                         '从源文件中读出一个字节
    Text1 = Text1 & Chr(Char)              '将读出的数据在文本框中显示
  Loop
  Close #2                                 '关闭二进制文件
End Sub


Private Sub SaveBinaryFile Click()         '保存二进制文件
 CommonDialog1.ShowOpen
 PaFil = CommonDialog1.FileName
```

```
  Open PaFi1 For Binary As #1                    '打开源文件
CommonDialog1.ShowOpen
  PaFi2 = CommonDialog1.FileName
  Open PaFi2 For Binary As #2                    '打开目标文件
  Do While Not EOF(1)
    Get #1, , Char                               '读源文件一个字节
    Put #2, , Char                               '写一个字节到目标文件
  Loop
  Close #1                                        '关闭源文件
  Close #2                                        '关闭目标文件
End Sub

Private Sub Print_Click()             '打印
  CommonDialog1.Action = 5            '或 CommonDialog1.ShowPrinter
    For i = 1 To CommonDialog1.Copies
        Printer.Print Text1.Text                 '打印文本框中的内容
    Next i
    Printer.EndDoc                               '结束文档打印
End Sub

Private Sub exit_Click()                          '退出
  a = MsgBox("是否保存文件?", vbYesNo, "请确认")
If a = 6 Then
CommonDialog1.Filter = "txt 文件|*.txt|所有文件|*.*"
CommonDialog1.Action = 2
f$ = CommonDialog1.FileName
If f$ <> "" Then
Open CommonDialog1.FileName For Output As #2
  Print #2, Text1.Text
  Close #2
 MsgBox "文件保存成功!", 64, "提示"
End If
End If
    End
End Sub

Private Sub Text1_MouseMove(Button As Integer, Shift As Integer, X As
Single, Y As Single)              '设置剪切、复制菜单是否有效
  If Text1.SelText <> "" Then
    Cut.Enabled = True       '当拖动鼠标选中要操作的文本后,剪切、复制按钮有效
    Copy.Enabled = True
    Delete.Enabled = True
    Paste.Enabled = False
  Else
    Cut.Enabled = False      '当拖动鼠标未选中文本,剪切、复制按钮无效
    Copy.Enabled = False
    Delete.Enabled = False
    Paste.Enabled = True
  End If
End Sub

Private Sub cut_Click()      '实现剪切功能
    st = Text1.SelText       '将选中的内容存放到 st 变量中
    Text1.SelText = ""       '将选中的内容清除,实现了剪切
    Copy.Enabled = False
    Cut.Enabled = False
```

```
          Paste.Enabled = True
End Sub

Private Sub copy_Click()        '实现复制功能
      st = Text1.SelText        '将选中的内容存放到 st 变量中
      Copy.Enabled = False      '进行复制后,剪切和复制按钮无效
      Cut.Enabled = False
      Paste.Enabled = True      '粘贴按钮有效
End Sub

Private Sub Paste_Click()  '实现粘贴功能
Text1.Text = Left(Text1, Text1.SelStart) + st + Mid(Text1, Text1.SelStart + 1)
End Sub

Private Sub Delete_Click()        '实现删除功能
Text1.SelText = ""
End Sub

Private Sub clear_Click()         '实现清除功能
Text1.Text = ""
End Sub

Private Sub Find_Click()              '调用子窗体 FrmFind 实现查找功能
FrmFind.Show
End Sub

Private Sub AllSearch_Click()  '实现全选功能
Text1.SelStart = 0
Text1.SelLength = Len(Text1.Text)
End Sub

Private Sub TimeDate_Click()       '设置当前时间和日期
Timer1.Enabled = True
End Sub

Private Sub Timer1_Timer()
Text1.Text = Time() & "      " & Date
End Sub

Private Sub Color_Click()            '编辑菜单的颜色设置
 CommonDialog1.ShowColor         '或 CommonDialog1.Action = 3 调用颜色对话框
 Text1.ForeColor = CommonDialog1.Color
End Sub

Private Sub Font_Click()            '编辑菜单的字体设置
 CommonDialog1.Flags = cdlCFBoth Or cdlCFEffects
CommonDialog1.Action = 4         '或 CommonDialog1.ShowFont 调用字体对话框
Text1.FontName = CommonDialog1.FontName
Text1.FontSize = CommonDialog1.FontSize
Text1.FontBold = CommonDialog1.FontBold
Text1.FontItalic = CommonDialog1.FontItalic
Text1.FontStrikethru = CommonDialog1.FontStrikethru
Text1.FontUnderline = CommonDialog1.FontUnderline
'frmfont.Show 或调用子窗体 frmfont 实现字体的详细设置
End Sub
```

```
Private Sub form MouseDown(Button As Integer, Shift As Integer, X As Single,
Y As Single)                              '弹出菜单
If Button = 2 Then PopupMenu Edit, vbPopupMenuCenterAlign
'Button = 2 表示单击鼠标右键，vbPopupMenuCenterAlign 指定弹出菜单的位置。
End Sub
```

查找子窗体 frmFind 实现代码如下：

```
Dim s$, k As Integer, flag As Boolean
Private Sub Command1 Click()                  '查找下一个命令按钮
Dim s1$, s2$, L1%, L2%, n%
Static X As Integer
If flag = True Then
X = 0
k = 1
flag = False
End If
If Check1.Value = 1 Then                      '区分大小写
  If Option2.Value = True Then                '向下查找
    n = InStr(s, Text2)
    If n > 0 Then
      Text1.SetFocus
      X = X + n
    i = MsgBox("找到了""" & Text2 & """", 1 + 48)
      Text1.SelStart = X - 1
      Text1.SelLength = Len(Text2)
      s = Mid(s, n + 1)
    Else
      MsgBox "没有找到""" & Text2 & """"
    End If
  Else                                        '向上查找
    s1 = StrReverse(Text1)
    s2 = StrReverse(Text2)
    L1 = Len(Text1)
    L2 = Len(Text2)
    n = InStr(k, s1, s2)
    If n > 0 Then
      Text1.SetFocus
      i = MsgBox("找到了""" & Text2 & """", 1 + 48)
      Text1.SelStart = L1 - (n + L2 - 1)
      Text1.SelLength = L2
      k = n + L2
    Else
      MsgBox "没有找到""" & Text2 & """"
    End If
  End If
    Else    '不区分大小写
      If Option2.Value = True Then            '向下查找
        n = InStr(UCase(s), UCase(Text2))
      If n > 0 Then
        Text1.SetFocus
        X = X + n
      i = MsgBox("找到了""" & Text2 & """", 1 + 48)
        Text1.SelStart = X - 1
        Text1.SelLength = Len(Text2)
        s = Mid(s, n + 1)
```

```
    Else
      MsgBox "没有找到""" & Text2 & """"
    End If
  Else                                        '向上查找
        s1 = StrReverse(Text1)
    s2 = StrReverse(Text2)
    L1 = Len(Text1)
    L2 = Len(Text2)
    n = InStr(k, UCase(s1), UCase(s2))        '把字母全转为大写字母
    If n > 0 Then
      Text1.SetFocus
      i = MsgBox("找到了""" & Text2 & """", 1 + 48)
      Text1.SelStart = L1 - (n + L2 - 1)
      Text1.SelLength = L2
       k = n + L2
    Else
      MsgBox "没有找到""" & Text2 & """"
    End If
  End If
End If
End Sub


Private Sub Text1_Change()
flag = True
s = Text1.Text
End Sub
Private Sub Text2_Change()
flag = True
s = Text1.Text
End Sub
Private Sub Text2_KeyPress(KeyAscii As Integer)
If KeyAscii = 13 Then
 s = Text1
End If
End Sub
```

字体设置子窗体 frmFont 实现代码如下：

```
Private Sub Form_Load()
  For i = 0 To Screen.FontCount - 1
'If Mid(Screen.Fonts(i), 2, 1) > "z" Then    屏幕字体中的"宋体"到"@幼圆"
'   Combo1.AddItem Screen.Fonts(i)
'End If
 Combo1.AddItem Screen.Fonts(i)
 Next i
  List1.AddItem "常规"
  List1.AddItem "斜体"
  List1.AddItem "粗体"
  List1.AddItem "粗斜体"
  For i = 8 To 72 Step 2
   Combo3.AddItem i
 Next i
 Combo4.AddItem "CHINESE_GB2312"
 Combo4.AddItem "西方"
End Sub
```

```
Private Sub list1_Click()          '设置字型
Text1.Text = List1.Text
If List1.Text = "斜体" Then
   Label4.FontItalic = True
   Label4.FontBold = False
ElseIf List1.Text = "粗体" Then
   Label4.FontBold = True
   Label4.FontItalic = False
 ElseIf List1.Text = "粗斜体" Then
   Label4.FontBold = True
   Label4.FontItalic = True
 Else
   Label4.FontBold = False
   Label4.FontItalic = False
 End If
End Sub


Private Sub Combo1_Click()         '设置字体
Label4.FontName = Combo1.Text
End Sub


Private Sub Combo2_Click()         '设置字号
  Label4.FontSize = Val(Combo3.Text)
End Sub


Private Sub Combo2_KeyPress(KeyAscii As Integer)
If KeyAscii = 13 Then
Label4.FontSize = Combo3.Text
End If
End Sub


Private Sub Command1_Click()    '确定命令按钮
frmNotepad.Text1.FontName = Combo1.Text
frmNotepad.Text1.FontSize = Combo3.Text
If Text1 = "斜体" Then
   frmNotepad.Text1.FontItalic = True
   frmNotepad.Text1.FontBold = False
ElseIf Text1 = "粗体" Then
   frmNotepad.Text1.FontBold = True
   frmNotepad.Text1.FontItalic = False
 ElseIf Text1 = "粗斜体" Then
   frmNotepad.Text1.FontBold = True
   frmNotepad.Text1.FontItalic = True
 Else
   frmNotepad.Text1.FontBold = False
   frmNotepad.Text1.FontItalic = False
 End If
frmfont.Hide
End Sub


Private Sub Command2_Click()    '取消命令按钮
frmfont.Hide
End Sub
```

反侵权盗版声明

电子工业出版社依法对本作品享有专有出版权。任何未经权利人书面许可，复制、销售或通过信息网络传播本作品的行为；歪曲、篡改、剽窃本作品的行为，均违反《中华人民共和国著作权法》，其行为人应承担相应的民事责任和行政责任，构成犯罪的，将被依法追究刑事责任。

为了维护市场秩序，保护权利人的合法权益，我社将依法查处和打击侵权盗版的单位和个人。欢迎社会各界人士积极举报侵权盗版行为，本社将奖励举报有功人员，并保证举报人的信息不被泄露。

举报电话：（010）88254396；（010）88258888
传　　真：（010）88254397
E-mail：　 dbqq@phei.com.cn
通信地址：北京市万寿路 173 信箱
　　　　　电子工业出版社总编办公室
邮　　编：100036